三菱
FX5U PLC
编程 从入门到综合实战

李方园 编著

 化学工业出版社

·北京·

内 容 简 介

本书全面系统地讲解了三菱 FX5U PLC 的基础知识和应用技能。全书共 8 章，具体内容包括三菱 FX5U PLC 的基础知识、编程基础、与 GOT 触摸屏的通信与编程、指令系统、模拟量编程，三菱 PLC 控制变频器、控制步进与伺服以及综合应用案例。

本书内容深入浅出，语言通俗易懂，通过对 39 个案例的详细讲解，帮助读者边学边用。同时，本书在重要知识点还配有讲解视频，读者扫描二维码即可观看相关视频，更高效地掌握本书内容。

本书可供学习 PLC 的工程技术人员使用，也可供高职院校相关专业的师生学习参考。

图书在版编目（CIP）数据

三菱FX5U PLC编程从入门到综合实战/李方园编著.
—北京：化学工业出版社，2022.7
ISBN 978-7-122-41121-1

Ⅰ.①三…　Ⅱ.①李…　Ⅲ.①PLC技术-程序设计
Ⅳ.①TM571.61

中国版本图书馆CIP数据核字（2022）第055497号

责任编辑：万忻欣　李军亮　　　　　　　文字编辑：李亚楠　陈小滔
责任校对：宋　夏　　　　　　　　　　　装帧设计：李子姮

出版发行：化学工业出版社（北京市东城区青年湖南街13号　邮政编码100011）
印　　装：河北鑫兆源印刷有限公司
787mm×1092mm　1/16　印张16　字数395千字　2022年11月北京第1版第1次印刷

购书咨询：010-64518888　　　　　　　售后服务：010-64518899
网　　址：http://www.cip.com.cn

定　　价：68.00元　　　　　　　　　　　　　　　版权所有　违者必究

前言

PLC 作为一种工业控制计算机，适合各种复杂机械、自动生产线的控制场合执行逻辑运算、顺序控制、定时、计数与算术操作等面向用户的指令。三菱公司推出了多款不同类型的小型 PLC，如 FX3U 系列和 FX5U 系列，其中 FX5U 是 FX3U 系列产品的升级版，不仅全面提升硬件性能，也全新导入 GX Works3 软件编程环境，更加适合新一代控制系统。FX5U 在定时器、计数器的方面增加了 IEC 61131-3 标准的函数类型，配以 GOT 触摸屏，可以实现联合仿真。在流程控制中，FX5U PLC 支持步进 STL 指令，按照先驱动、再转移的方式进行编程，极大地方便了具有选择分支和并行分支的程序。FX5U 内置的模拟量为 2 个输入和 1 个输出，能够处理数字剪辑功能、比例缩放功能、移位功能等复杂流程控制。除此之外，FX5U 还能通过两种方式进行模拟量信号扩展，一种是输出模块，另外一种是扩展适配器，以符合生产现场具有热电偶等更多种类、更多数量的模拟量要求。变频器、步进与伺服控制系统广泛应用于设备的调速和定位控制，采用 FX5U PLC 可以精确控制，最终使之成为工业控制装置家族中重要的角色。

全书从初学者的角度出发，对 PLC 工程技术人员需要掌握的基础知识和应用做了全面的介绍，力求内容实用，语言通俗易懂，希望帮助读者夯实基础，提高技能。本书共 8 章。第 1 章介绍了 FX5U 的编程软元件、FX5U CPU 模块的分类与功能等 FX5U PLC 的基础知识，并采用 GX Works3 编程软件对 FX5U 进行编程。第 2 章主要介绍了 FX5U PLC 编程基础，包括位逻辑编程与数据定义、定时器及应用、计数器及应用。第 3 章以 FX5U PLC 与 GOT 触摸屏的通信与编程展开，介绍了触摸屏的工作原理和使用方法，用 GT Designer3 进行触摸屏编程以及三菱触摸屏与 PLC 的联合仿真。第 4 章主要介绍了基本数据指令、步进梯形图指令、程序控制指令等主要指令系统。第 5 章介绍了 FX5U PLC 的模拟量编程，包括内置模拟量、模拟量模块和 PID 控制编程。第 6、7 章介绍三菱 PLC 控制变频器和步进与伺服电动机的调速、定位控制。第 8 章是综合应用案例介绍，包括基于三菱 PLC 的工频 / 变频切换、温度 PID 自动调谐控制、基于 RS485 的 6 台变频器同步控制、基于总线的 4 轴伺服控制等。

本书由浙江工商职业技术学院李方园副教授编写。编写过程中，得到了三菱公司、杭州壮盈自动化机电设备有限公司、宁波市自动化学会等相关人员的帮助，他们提供了很多的典型案例和维护经验，在此致谢。

编著者

文件下载方法：用手机扫描二维码，选择在浏览器中打开，或将扫码后手机浏览器中的地址复制到电脑的浏览器中，即可进行访问下载。

目录

目录

第5章
FX5U PLC 的模拟量编程 ------------------------- 126

第6章
三菱 PLC 控制变频器 ▷▷▷ ------------------------------- 165

第7章
三菱 PLC 控制步进与伺服 ⟩⟩⟩ -------------------- 191

第8章
综合应用案例 ⟩⟩⟩ -------------------- 226

第 1 章

三菱FX5U
PLC 基础知识

作为一种工业控制计算机，PLC适合各种复杂机械、自动生产线的控制场合，可用来执行逻辑运算、顺序控制、定时、计数与算术操作等面向用户的指令。三菱公司推出了多款不同类型的小型PLC，如FX3U系列和FX5U系列，其中FX5U是FX3U系列产品的升级版，不仅全面提升硬件性能，也全新导入GX Works3软件编程环境，更加适合新一代控制系统。本章主要介绍了三菱FX5U的基础知识、GX Works3编程软件的安装与软件界面，以及PLC控制案例的接线、编程和调试。

1.1　三菱FX5U PLC入门

1.1.1　PLC概述

PLC 是专为工业环境开发的可编程控制器，也是专门用于具有高级功能的顺序控制的工业计算机，它有 CPU 模块、I/O 模块、存储器、电源模块、底板或机架，其输入输出能力可按用户需要进行扩展与组合。如图 1-1 所示为 PLC 的基本结构框图。

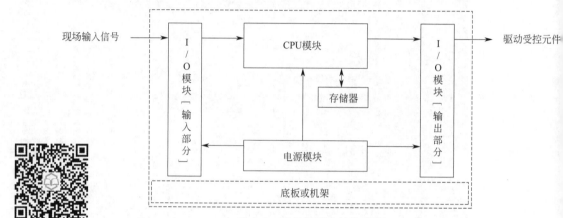

图 1-1　PLC 的基本结构框图

PLC 具有与普通计算机相同的基本结构，即 CPU 模块用于控制设备并处理数据，执行存储在存储器中的程序，从 I/O 模块（输入部分）中接收现场输入信号，对其进行逻辑运算后将结果输出到 I/O 模块（输出部分），最后驱动受控元件，如电磁阀线圈、接触器线圈、指示灯等。

三菱公司有多款不同类型的小型 PLC，如 FX3U 系列和 FX5U 系列，其中 FX5U 是 FX3U 系列产品的升级版，不仅全面提升硬件性能，也全新导入 GX Works3 软件编程环境，更加适合新一代控制系统。图 1-2 所示为三菱 FX5U PLC 外观。

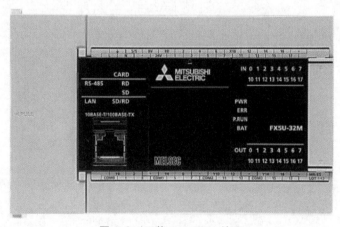

图 1-2　三菱 FX5U PLC 外观

图 1-3 所示是 FX5U 的相关部件位置，其名称与说明如表 1-1 所示。

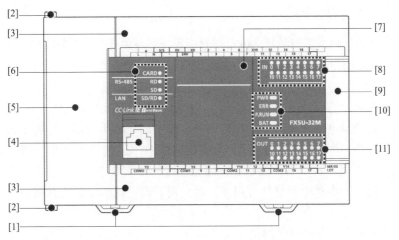

图 1-3　FX5U 的相关部件位置

表 1-1　FX5U 相关部件的名称与说明

编号	名称	说明
[1]	DIN 导轨安装用卡扣	用于将 CPU 模块安装在 DIN46277（宽度：35mm）的 DIN 导轨上的卡扣
[2]	扩展适配器连接用卡扣	连接扩展适配器时，用此卡扣固定
[3]	端子排盖板	保护端子排的盖板 接线时可打开此盖板作业，运行（通电）时，请关上此盖板
[4]	内置以太网通信用连接器	用于连接支持以太网的设备的连接器（带盖） 为防止进入灰尘，请将未与以太网电缆连接的连接器装上附带的盖子
[5]	上盖板	保护 SD 存储卡槽、RUN/STOP/RESET 开关等的盖板 内置 RS-485 通信用端子排、内置模拟量输入输出端子排、RUN/STOP/RESET 开关、SD 存储卡槽等位于此盖板下
[6]	CARD LED	显示 SD 存储卡是否可以使用 灯亮：可以使用或不可拆下 闪烁：准备中 灯灭：未插入或可拆下
	RD LED	用内置 RS-485 通信接收数据时灯亮
	SD LED	用内置 RS-485 通信发送数据时灯亮
	SD/RD LED	用内置以太网通信收发数据时灯亮
[7]	连接扩展板用的连接器盖板	保护连接扩展板用的连接器、电池等的盖板 电池安装在此盖板下
[8]	输入显示 LED	输入接通时灯亮
[9]	次段扩展连接器盖板	保护次段扩展连接器的盖板 将扩展模块的扩展电缆连接到位于盖板下的次段扩展连接器上
[10]	PWR LED	显示 CPU 模块的通电状态 灯亮：通电中 灯灭：停电中或硬件异常
	ERR LED	显示 CPU 模块的错误状态 灯亮：发生错误中，或硬件异常 闪烁：出厂状态，发生错误中，硬件异常，或复位中 灯灭：正常动作中
	P.RUN LED	显示程序的动作状态 灯亮：正常动作中 闪烁：PAUSE 状态、停止中（程序不一致），或运行中写入时（运行中写入时 PAUSE 或 RUN） 灯灭：停止中，或发生停止错误中
	BAT LED	显示电池的状态 闪烁：发生电池错误中 灯灭：正常动作中
[11]	输出显示 LED	输出接通时灯亮

1.1.2 FX5U的编程软元件

为了更好地表达控制逻辑关系，PLC 将存储单元划分成几个大类的编程软元件。PLC 内部的编程软元件是用户进行编程操作的对象，不同的编程软元件在程序工作过程中完成不同的功能。

为了便于理解，特别是便于熟悉低压电器控制系统的工程人员理解，通常称之为输入 / 输出继电器、辅助继电器、定时器、计数器等，但它们与真实电器元件有很大的差别，被称为"软继电器"。所谓"软继电器"，是系统软件用二进制位的"开"和"关"的状态来模拟继电器的"通"和"断"的状态。因此，这些"软继电器"，它的工作线圈没有工作电压等级、功耗大小和电磁惯性等问题；触点没有数量限制，也没有机械磨损和电蚀等问题。

编程元件实质上是存储器中的位（或字），因此其数量是很大的，为了区分它们，给它们每类用字母标识、用数字编序号。在三菱 FX5U PLC 中，X 代表输入继电器，Y 代表输出继电器，M 代表内部继电器，T 代表定时器，C 代表计数器，S 代表步进继电器，D 代表数据寄存器，等等。

（1）输入继电器 X

PLC 的输入端子是从外部开关接收信号的窗口，PLC 内部与输入端子连接的输入继电器 X 是用光电隔离的继电器，它们的编号与接线端子编号一致。输入继电器线圈的吸合或释放只取决于与之相连的外部触点的状态，因此其线圈不能由程序来驱动，即在程序中不出现输入继电器的线圈。在程序中使用的是输入继电器常开 / 常闭两种触点，且使用次数不限。

FX5U PLC 单元输入继电器线圈都是八进制编号的地址，输入为 X0 ～ X7、X10 ～ X17、X20 ～ X27 等，又称为"I 元件"，即 Input 输入。输入端 X 的 OFF 或 ON 信号在 PLC 映像区被存储为"0"或"1"，其工作示意如图 1-4 所示。

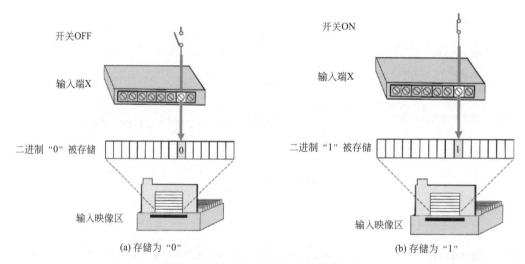

开关OFF　　　　　　　　　　　　　　　　开关ON

输入端X　　　　　　　　　　　　　　　　输入端X

二进制 "0" 被存储　　　　　　　　　　　二进制 "1" 被存储

输入映像区　　　　　　　　　　　　　　　输入映像区

(a) 存储为 "0"　　　　　　　　　　　　　(b) 存储为 "1"

图 1-4　输入信号到输入端 X 的映像区

（2）输出继电器 Y

PLC 的输出端子是向外部负载输出信号的窗口。输出继电器的线圈由程序控制，输出继电器的外部输出主触点接到 PLC 的输出端子上供外部负载使用，内部常开 / 常闭触点供内部程序使用。

输出继电器的常开/常闭触点使用次数不限。输出电路的时间常数是固定的。FX5U PLC是八进制输出，输出为Y0～Y7、Y10～Y17、Y20～Y27等，又称为"O元件"，即Output输出。

PLC输出映像区的"0"或"1"信号到输出端的"OFF"或"ON"状态，如图1-5所示。

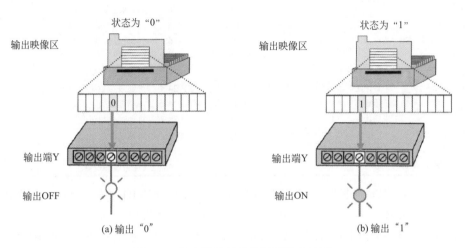

图1-5　输出端Y的映像区到输出信号

输入X和输出Y在很多工程应用中，通常被称为"I/O元件"。一个工程项目，I/O元件表必须清晰表达，这样才方便进行PLC系统配置、硬件接线和软件编程。

（3）内部继电器M

可编程控制器中有多个内部继电器（又称辅助继电器），软元件符号为"M"。与输入输出继电器不同，内部继电器M是既不能读取外部的输入，也不能直接驱动外部负载的程序用的继电器。

除了以上软元件外，FX5U中常用的用户软元件有：

① 步进继电器S，主要用在步进顺控的编程。

② 数据寄存器D，为16位，用来存放数据或参数，可以同时用两个数据寄存器合并起来存放32位数据。

③ 定时器T，即按照指定的周期（如以毫秒计）来调用或计算；累计定时器用ST来表示。

④ 计数器C，主要是对脉冲的个数进行计数，以实现测量、计数和控制的功能；长计数器用LC来表示。

其他还有锁存继电器L、链接继电器B、报警器F、特殊链接继电器SB、链接寄存器W、特殊链接寄存器SW等。

表1-2所示是FX5U PLC用户软元件的种类、进制和最大点数等特征，其中分配到输入输出（X、Y）的点数为384点的时候需要CPU模块的固件版本为1.100或更高版本时才可支持，且编程软件GX Works3为1.047Z或更高版本。FX5U用户软元件中，除了步进继电器S之外，大部分的软元件最大点数都可以在CPU内置存储器的容量范围内通过参数更改。

表 1-2　FX5U PLC 用户软元件的特征

用户软元件		进制	最大点数	
输入继电器（X）		8	1024 点	分配到输入输出（X、Y）的合计为最大 256 点 /384 点
输出继电器（Y）		8	1024 点	
内部继电器（M）		10	32768 点（可通过参数更改）	
锁存继电器（L）		10	32768 点（可通过参数更改）	
链接继电器（B）		16	32768 点（可通过参数更改）	
报警器（F）		10	32768 点（可通过参数更改）	
特殊链接继电器（SB）		16	32768 点（可通过参数更改）	
步进继电器（S）		10	4096 点（固定）	
定时器类	定时器（T）	10	1024 点（可通过参数更改）	
累计定时器类	累计定时器（ST）	10	1024 点（可通过参数更改）	
计数器类	计数器（C）	10	1024 点（可通过参数更改）	
	长计数器（LC）	10	1024 点（可通过参数更改）	
数据寄存器（D）		10	8000 点（可通过参数更改）	
链接寄存器（W）		16	32768 点（可通过参数更改）	
特殊链接寄存器（SW）		16	32768 点（可通过参数更改）	

图 1-6 所示为某道闸控制系统，它是由道闸进口感应开关 B1、道闸处感应开关 B2、道闸出口感应开关 B3、电动机正转到位感应开关 B4、电动机反转到位感应开关 B5、车辆 RFID 感应开关 S1 和道闸杆电动机 M 组成的。该系统的基本流程为：车辆到达 B1 处，通过 S1 识别经确认无误后，M 反转；该车辆依次经过 B2、B3 后，经确认 B2 处无车辆后，M 正转，这样完成一次车辆进入过程。M 的正转停止和反转停止由 B4、B5 限位控制；从反转到正转的时间间隔是在 B3 感应到、B2 从感应到消失后，触发 T0 定时器，以确保车辆安全。

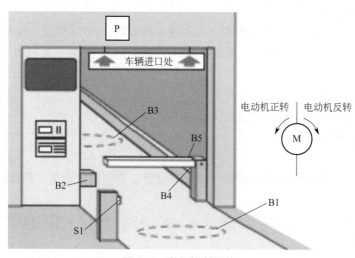

图 1-6　道闸控制系统

根据要求，可以列出表 1-3 所示的道闸控制系统软元件定义，包括输入 X0 ～ X5、输出 Y0 和 Y1 以及定时器 T0。

表 1-3　道闸控制系统软元件定义

序号	软元件	定义
1	X0	B1/ 道闸进口感应开关
2	X1	B2/ 道闸处感应开关
3	X2	B3/ 道闸出口感应开关

序号	软元件	定义
4	X3	B4/ 电动机正转到位感应开关
5	X4	B5/ 电动机反转到位感应开关
6	X5	S1/ 车辆 RFID 感应开关
7	Y0	道闸杆电动机正转
8	Y1	道闸杆电动机反转
9	T0	从反转到正转的时间间隔

1.1.3　PLC的梯形图编程

PLC 最常用的就是采用梯形图编程方式，它使用顺序符号和软元件编号绘制梯形图程序，其回路主要是通过触点符号和线圈符号来表现的，因此程序的内容更加容易理解。在梯形图编程中，用 ┤├ 表示常开触点、┤╱├ 表示常闭触点、─○─ 表示输出线圈。

梯形图中最常见的是按照一定的控制要求进行逻辑组合，可构成基本的逻辑控制："与""或""异或"及其组合。位逻辑指令使用"0""1"两个布尔操作数，对逻辑信号状态进行逻辑操作，逻辑操作的结果送入存储器状态字的逻辑操作结果位。

图 1-7 所示为逻辑"与"梯形图，是用串联的触点进行表示的，表 1-4 所示为对应的逻辑"与"真值表。

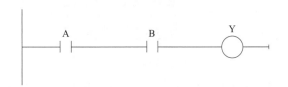

图 1-7　逻辑"与"梯形图

表 1-4　逻辑"与"真值表

A	B	Y
0	0	0
0	1	0
1	0	0
1	1	1

图 1-8 所示为逻辑"或"梯形图，是用并联的触点进行表示的，表 1-5 所示为对应的逻辑"或"真值表。

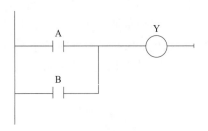

图 1-8　逻辑"或"梯形图

表 1-5　逻辑"或"真值表

A	B	Y
0	0	0
0	1	1
1	0	1
1	1	1

图 1-9 所示为逻辑"非"梯形图，表 1-6 所示为对应的逻辑"非"真值表。

图 1-9　逻辑"非"梯形图

表 1-6　逻辑"非"真值表

A	Y
0	1
1	0

图 1-10 所示的梯形图编写实例是通过一个输入继电器 X0 常开触点的通断来控制输出继电器 Y0 的得电和失电。梯形图的最左边的竖线叫作左母线，最右边的竖线叫作右母线，两根母线可看作具有交流 220V 或直流 24V 电压。当 X0 的常开触点闭合时，Y0 的线圈两端就被加上电压，线圈得电。

图 1-10　梯形图编写实例

除了直接用输出线圈的方式来对输出继电器进行编程外，用户还可以调用"应用指令"（比如置位 SET 和复位 RST 指令等）来操作输出继电器。当 SET 指令前面的条件成立时（线路被接通），输出继电器被置位，即成为得电状态。这与直接输出线圈的区别在于，即使之后前面的条件不成立（线路被断开），输出继电器仍然保持得电状态，直到 RST 指令被执行，输出继电器才被复位。因此出现了 SET 指令必定要有 RST 指令与之配合，如图 1-11 所示。

图 1-11　用置位、复位指令控制输出继电器

应该观察到，在这个梯形图里 X0 和 X1 的常开触点里多了一个向上的箭头。这表示上升沿触点，即该触点在 X0 得电的上升沿闭合一个扫描周期，下个扫描周期又复位。

如图 1-12 所示，当边沿状态信号变化时就会产生跳变沿，当从"0"变到"1"时，产生一个上升沿（即正跳沿）；如果从"1"变到"0"时，则产生一个下降沿（即负跳沿）。在每个扫描周期中，把某软元件信号状态和它在前一个扫描周期的状态进行比较，若状态不同则表明该软元件有一个跳变沿。需要注意的是：如果用普通的触点，哪怕用户仅按下按钮 1s，在此期间，由于 PLC 的扫描周期是低至纳秒级的，PLC 就反复执行了无数次这条指令了。因此，置位和复位指令前面的执行条件，一般采用上升沿或下降沿脉冲。

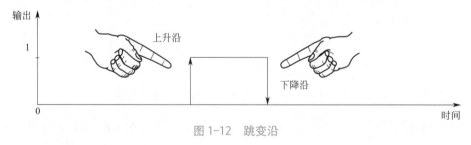

图 1-12　跳变沿

1.1.4　FX5U CPU模块的分类与功能

（1）FX5U CPU 模块的分类

CPU 模块是内置了 CPU、存储器、输入输出、电源的产品。图 1-13 所示是 FX5U CPU

模块的分类说明，它通过输入输出点数、电源类型、输入类型和输出类型等方面来区分不同种类的模块。

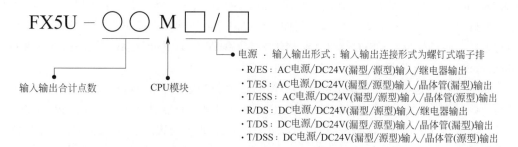

图 1-13　FX5U CPU 模块的分类说明

（2）FX5U 扫描的工作方式

如图 1-14 所示，FX5U CPU 模块内部扫描的工作方式主要分为以下几个阶段，即初始化处理、I/O 刷新、程序运算和 END 处理，然后在后三者之间进行循环运行。在 I/O 刷新阶段，PLC 以扫描方式依次读入所有输入状态和数据，并将它们存入 I/O 映像区中的相应单元内，同时依次刷新所有输出状态和数据。在程序运算阶段，PLC 总是按由上而下的顺序依次扫描用户程序，包括梯形图等各种编程语言。扫描时间是 I/O 刷新、程序运算和 END 处理三个阶段时间的合计。

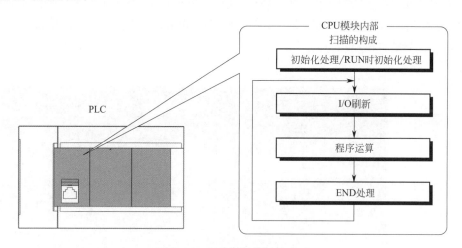

图 1-14　PLC 扫描的工作方式

1.2　采用GX Works3编程软件对FX5U进行编程

1.2.1　概述

三菱 PLC 的编程软件主要是 GX Developer、GX Works2 和 GX Works3。其中 GX Developer 是三菱公司早期为其 PLC 配套开发的编程软件，于 2005 年发布，适用于三菱 Q、

FX 系列 PLC，它支持梯形图、指令表、SFC、ST、FB 等编程语言，具有参数设定、在线编程、监控、打印等功能。在三菱 PLC 普及过程中，作为一个功能强大的 PLC 开发软件，GX Developer 充分发挥了程序开发、监视、仿真调试以及对可编程控制器 CPU 的读写等功能。2011 年之后，三菱推出综合编程软件 GX Works2，该软件有简单工程和结构工程两种编程方式，支持梯形图、SFC、ST、结构化文本等编程语言，同时集成了程序仿真软件 GX Simulator2，适用于三菱 Q、FX 等全系列 PLC。

本书介绍的是三菱公司推出的比 GX Works2 更新的版本 GX Works3。GX Works3 向下兼容，同时支持 FX5U、iQ-R 等新一代 PLC 的强大功能。该软件版本涵盖了从控制系统的设计、调试到维护等整个流程的所有步骤，拥有基于图形的配置，让用户的编程变得更加直观和简单，并提供扩展模块库。GX Works3 集成了运动控制系统配置，涵盖了从简单的运动模块参数和定位数据设置到伺服放大器配置的综合功能。

GX Works3 支持主要的 IEC 语言，可以在同一项目中同时使用多种不同的编程语言，并可通过菜单选项卡轻松查看，每个程序中使用的变量和设备可以跨多个平台共享，并支持用户定义的功能块。

1.2.2　GX Works3的安装与软件界面

这里介绍一下目前市场上最主流的 GX Works3 软件的安装步骤，首先需要在三菱电机公司的官方网站获得该软件的安装包和序列号，通过"setup.exe"来执行安装，如图 1-15 ～图 1-17 所示为安装界面，包括选择安装软件（如 GX Works3、CPU 模块记录设置工具、GX LogViewer）、安装目标等。

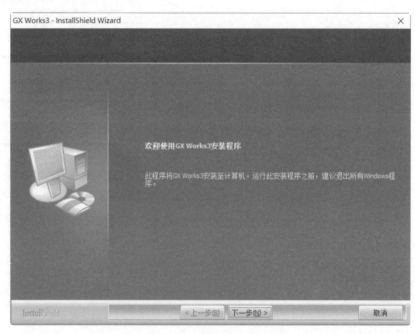

图 1-15　安装界面（一）

在安装过程中，将杀毒软件、防火墙、IE、办公软件等能关闭的软件尽量关闭，否则可能会导致软件安装失败。

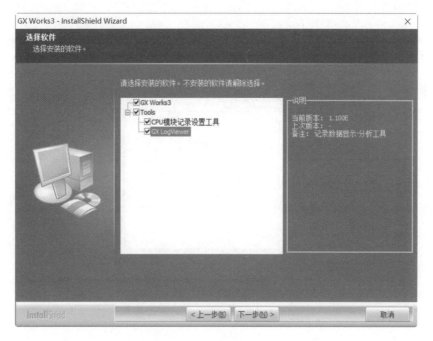

图 1-16　安装界面（二）

图 1-17　安装界面（三）

安装结束后，会在桌面出现 ![图标] 图标。双击该图标，点击"工程"→"新建"，即可
进入图 1-18 所示的编辑画面，这是一个空案例程序。GX Works3 的软件环境共分为标题栏、
菜单栏、工具栏、程序编辑窗口、导航窗口、部件窗口和进度窗口等。

11

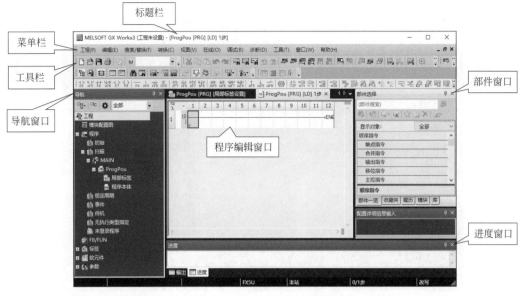

图 1-18 GX Works3 的软件环境

（1）标题栏

标题栏显示了该程序的文件名与主程序步数。

（2）菜单栏

菜单栏包括工程、编辑、搜索/替换、转换、视图、在线、调试、诊断、工具、窗口、帮助等主菜单及相应的子菜单。

（3）工具栏

工具栏主要包括如下模块：

① 程序通用工具栏：用于梯形图的剪切、复制、粘贴、撤销、搜索等常规编辑，以及 PLC 程序的读写、运行监视等操作。

② 窗口操作工具栏：用于导航、部件选择、输出、软件元件使用列表、交叉参照、监视等窗口的打开、关闭操作。

③ 梯形图工具栏：用于梯形图编辑的常开和常闭触点、线圈、功能指令、画线、删除线、边沿触发触点等按钮，以及用于软元件注释编辑、声明编辑、注解编辑、梯形图放大/缩小等操作按钮。

④ 标准工具栏：用于工程的创建、打开和关闭等操作。

⑤ 高级设置工具栏：用于过程控制扩展设置、标记 FB 设置、程序文件设置和导出分配信息数据库文件。

（4）程序编辑窗口

程序编辑窗口是整个 PLC 程序，包括 ST、FBD、LD 等多种编程语言。

（5）导航窗口

导航窗口包括工程、用户库和连接目标。

（6）部件窗口

部件窗口包括了各种运算指令、模块和库。

（7）进度窗口

进度窗口包括程序的编译情况、下载事件等信息。

1.2.3　用GX Works3来完成一个PLC控制案例

【 案例 1-1 】电动机自锁控制

案例要求

按下启动按钮，电动机接触器线圈接通、触点接通，电动机运行；按下停止按钮，电动机接触器线圈断开、触点断开，停止运行。请用 FX5U-64MT/ES PLC 来实现自锁控制。

案例实施

步骤 1：输入输出定义与电气接线。

表 1-7 所示为输入 / 输出元件及其功能。图 1-19 所示为除电源之外的 PLC 输入输出电气接线，图 1-20 所示是 PLC 与 PC 的以太网连接方式。

表 1-7　输入 / 输出元件及其功能

说明	PLC 软元件	名称	控制功能
输入	X0	SB1/ 停止按钮	停止控制
	X1	SB2/ 启动按钮	启动控制
输出	Y0	KM1/ 电动机接触器	电动机运行

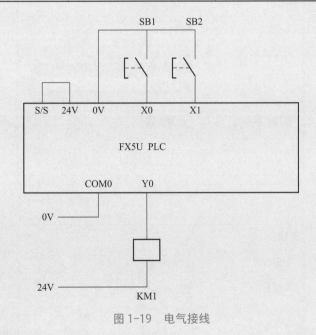

图 1-19　电气接线

图 1-20　PLC 与 PC 的以太网连接方式

步骤 2：在 GX Works3 软件中新建工程。

在桌面上双击 GX Works3 图标，即可进入 FX5U 的编辑环境。点击"工程"→"新建"，出现图 1-21 ～图 1-23 所示的关于系列、机型和程序语言选择的窗口。这里依次选择 FX5CPU、FX5U 和梯形图，完成后出现了图 1-24 所示的添加模块提示，表示 FX5U PLC 已经添加完成。

图 1-21　选择 FX5 系列

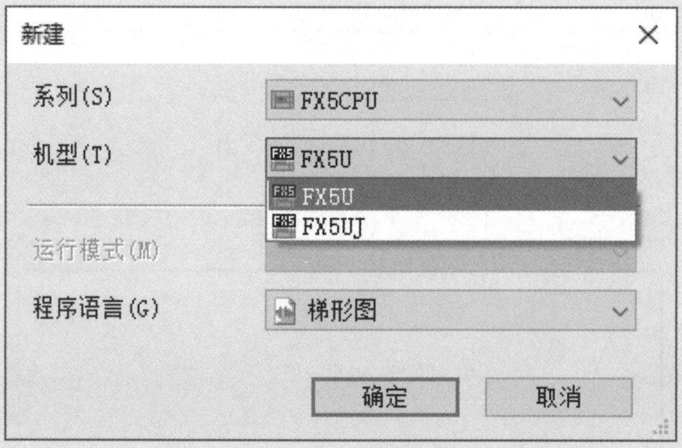

图 1-22　选择 FX5U 机型

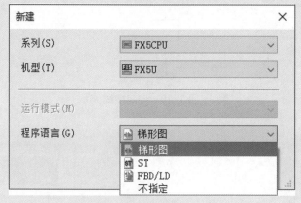

图 1-23　选择梯形图程序语言

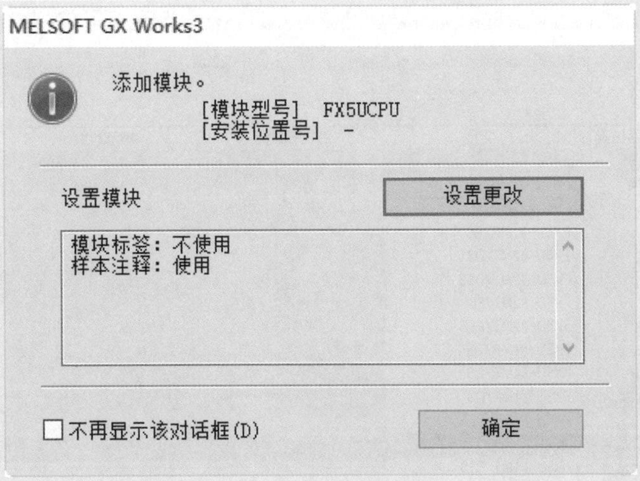

MELSOFT GX Works3

添加模块。

[模块型号]　FX5UCPU
[安装位置号]　-

设置模块　　　　　　　　　设置更改

模块标签：不使用
样本注释：使用

□ 不再显示该对话框(D)　　　　确定

图 1-24　添加模块提示

步骤 3：系统参数修改。

如图 1-25 所示，点击"系统参数"后进入设置项目窗口的"CPU 型号"，缺省为 FX5U-32MR/ES，需要根据实际情况进行修改，本案例修改为图 1-26 所示的 FX5U-64MT/ES。回到"模块配置图"，就可以看到修改后的变化情况，如图 1-27 所示。

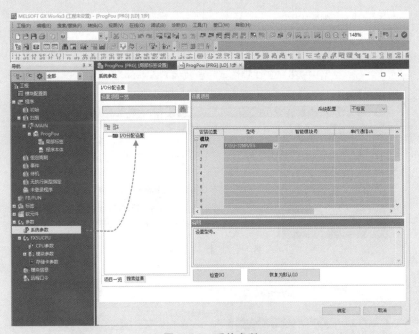

图 1-25　系统参数

步骤 4：PLC 梯形图编辑。

为了便于更好地阅读 PLC 梯形图程序，可以选择"软元件"→"软元件注释"→"通用软元件注释"，在图 1-28 和图 1-29 中进行 X0、X1 和 Y0 等软元件的注释。

完成注释后，选择"程序"→"扫描"→"MAIN"→"程序本体"进行 PLC 梯形图的编辑，如图 1-30 所示。为了将注释显示出来，可以选择菜单"视图"→"注释显示"（图1-31），最终显示的结果如图 1-32 所示。

15

图 1-26　CPU 模块型号更改为 FX5U-64MT/ES

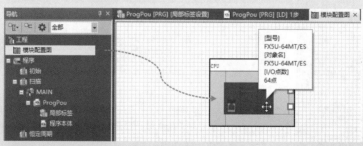

图 1-27　模块配置图

图 1-28　输入软元件注释

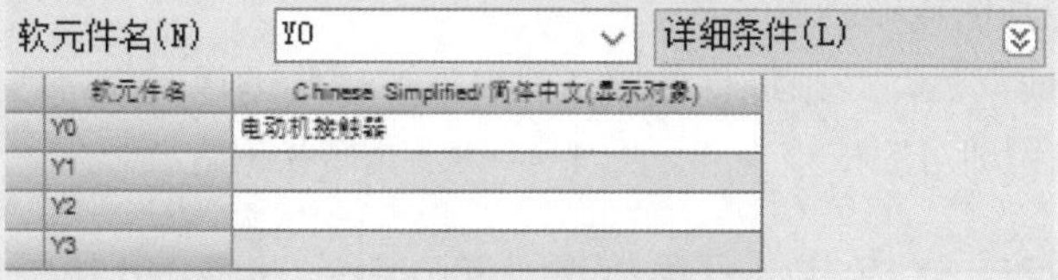

软元件名	Chinese Simplified/简体中文(显示对象)
Y0	电动机接触器
Y1	
Y2	
Y3	

软元件名(N) Y0   详细条件(L)

图 1-29　输出软元件注释

图 1-30　PLC 梯形图编辑

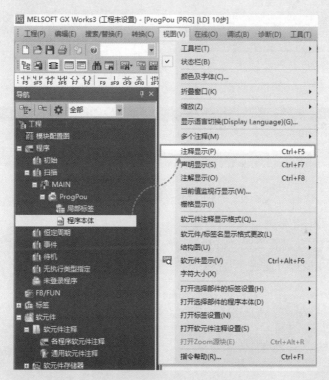

图 1-31　视图选项（注释显示）

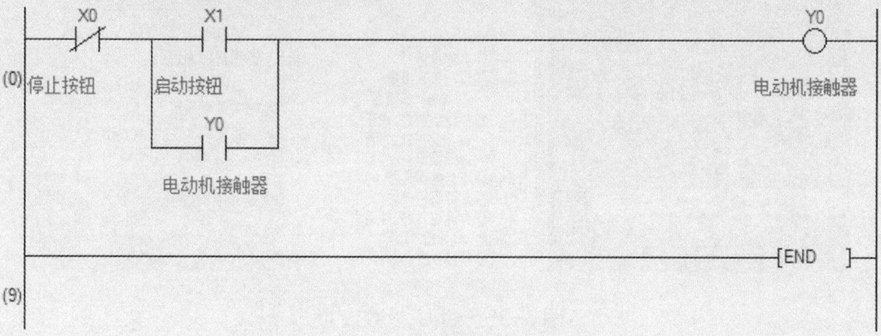

(0) 停止按钮　启动按钮　　　　　　　　　　　　　　　　　电动机接触器

　　　　　　　Y0
　　　　　　电动机接触器

(9)　　　　　　　　　　　　　　　　　　　　　　　　　[END]

图 1-32　带注释的梯形图

17

步骤5：PLC梯形图转换。

梯形图编辑完成之后，必须进行转换（即编译）才能进行下载，选择图1-33所示的菜单"转换"或按F4键即可完成该步骤。图1-34所示是转换的进度显示。

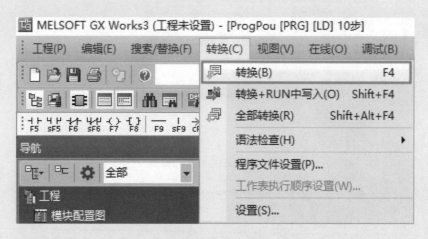

图1-33　转换菜单

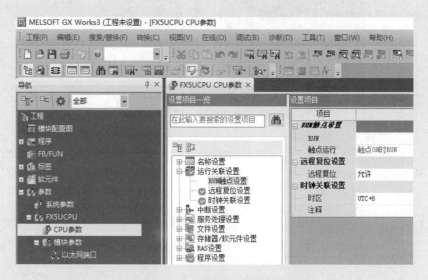

图1-34　进度显示

步骤6：PLC程序下载与监视。

PLC程序下载之前需要设置"CPU参数"中的"远程复位设置"为"允许"，其初始化设定为"禁止"，主要是方便进行远程CPU控制，如图1-35所示。

图1-35　CPU参数设置

同时根据需要设置相应的CPU模块的以太网IP地址，如图1-36所示。

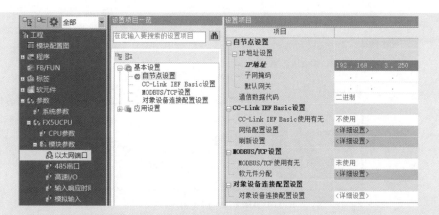

图 1-36 以太网端口的 IP 地址

如图 1-37 所示,选择菜单"在线"→"当前连接目标",就会出现图 1-38 所示的简易连接目标设置,选择以太网并进行"通信测试"(图 1-39)。由于采用以太网连接,需要确保 PLC 的 IP 地址、PC 的 IP 地址在同一个频段内。

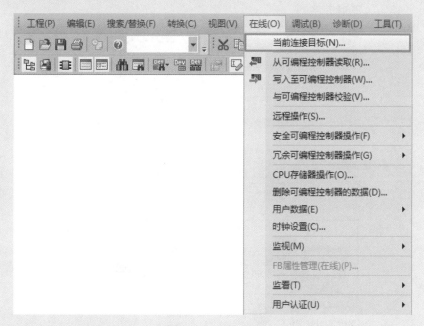

图 1-37 在线选项

在 PC 与 PLC 进行成功连接后,即可进行图 1-40 所示的"在线数据操作",这里选择"写入",并选择"全选"或"参数 + 程序"等执行下载程序到 PLC。

在程序写入的过程,会相继出现如图 1-41 ~ 图 1-43 所示的写入提示信息,之后进入图 1-44 所示的"远程 RUN 提示"。如图 1-45 所示,可以通过"在线"→"远程操作"进行 CPU 运行状态的操作,比如 RUN、STOP、PAUSE、RESET 等。

完成程序写入后,可以通过"在线"→"监视"→"监视开始"菜单或 🔍 图符进行梯形图的运行状态监视(为了紧凑地显示梯形图程序部分,在监视时统一将注释部分取消)。图 1-46 所示是停机状态的情况,图 1-47 所示是运行状态的情况,其中蓝色阴影部分是表示逻辑"1",其他空白部分是逻辑"0",如果是其他变量则是表示实时数据。

图 1-38　简易连接目标设置

图 1-39　通信测试

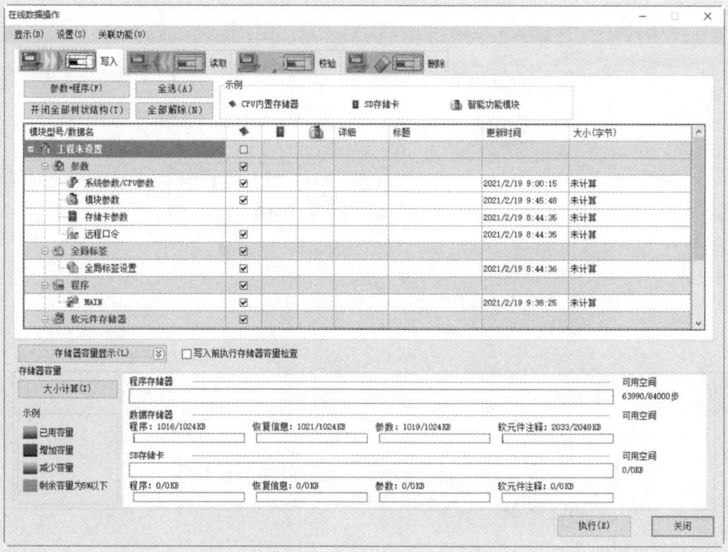

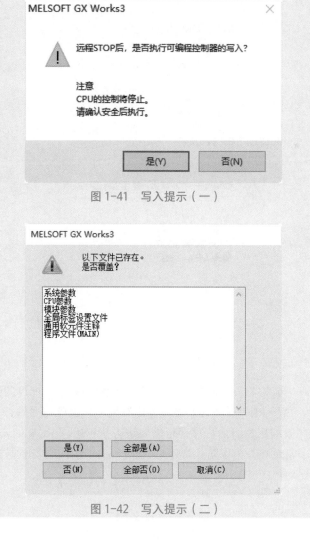

图 1-40　在线数据操作

MELSOFT GX Works3 ✕

⚠ 远程STOP后，是否执行可编程控制器的写入？

注意
CPU的控制将停止。
请确认安全后执行。

是(Y)　　否(N)

图 1-41　写入提示（一）

MELSOFT GX Works3

⚠ 以下文件已存在。
是否覆盖？

系统参数
CPU参数
模块参数
全局标签设置文件
通用软元件注释
程序文件(MAIN)

是(Y)　　全部是(A)
否(N)　　全部否(O)　　取消(C)

图 1-42　写入提示（二）

21

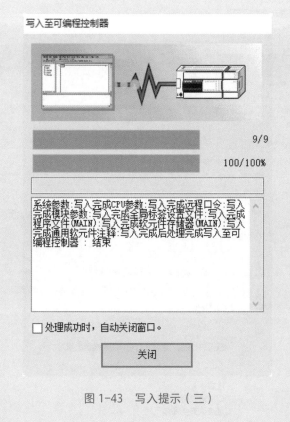

图 1-43　写入提示（三）

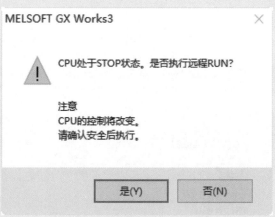

图 1-44　远程 RUN 提示

通过"在线"→"监视"→"监视停止"菜单或 图符取消梯形图的运行状态监视。

在实际应用中，由于 PLC 程序写入会覆盖原有程序，因此需要进行 PLC 写入前的安全确认；同时，在程序下载后，重启程序，也需要进行执行远程 RUN 的安全确认。这个确认对于生产现场来说非常重要，可以防止程序被误删除后的动作机构出现异常，以及在重启新程序后的动作机构误动作。

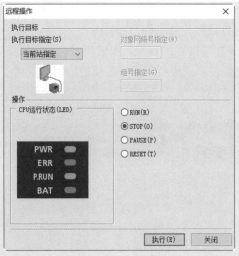

图 1-45 远程操作

图 1-46 监视状态一（停机）

图 1-47 监视状态二（运行）

1.2.4 CPU模块出现故障的处理

【案例 1-2】处理 CPU 出现 ERR 红灯故障

案例要求

当 FX5U-64MT/ES PLC 的 CPU 模块出现 ERR 红灯（图 1-48），需要进行处理。

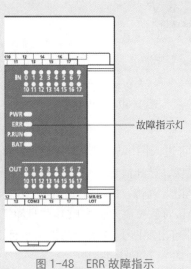

故障指示灯

图 1-48 ERR 故障指示

案例实施

步骤 1：PC 与 PLC 进行连接，并进行诊断。

根据【案例 1-1】进行 PC 与 PLC 的连接，通信正常后，选择菜单"诊断"→"系统监视"，如图 1-49 所示。系统监视是表示模块的配置、各模块的详细信息及错误状态的功能。图 1-50 所示是 CPU 的"错误状态 C035"。

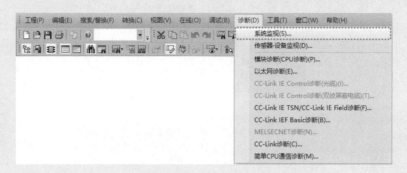

图 1-49　选择系统监视

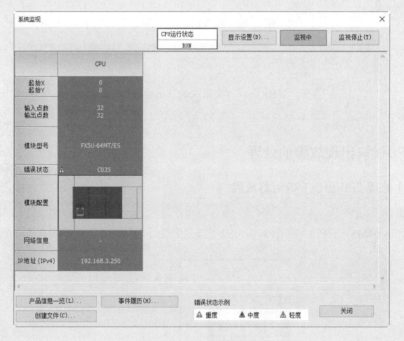

图 1-50　错误状态 C035

步骤 2：错误解除。

点击 CPU 相应故障后即可进入图 1-51 所示的模块诊断画面。模块诊断是诊断 CPU 模块的功能，能够显示发生的错误、详细信息、原因以及处理方法，并且确认故障排除所需的信息。此外，选择错误点击"错误跳转"按钮后，能够找出参数和程序的出错位置。在"模块信息一览"标签中，能够确认对象模块当前的 LED 信息和开关信息等。

选择"错误解除"按钮即可出现图 1-52 所示的提示信息。清除错误后的状态如图 1-53 所示，此时观察到 CPU 模块已经没有 ERR 红灯了。

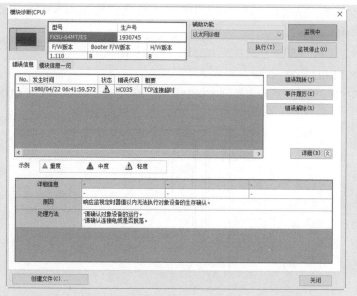

图 1-51 模块诊断画面

图 1-52 "错误解除"提示

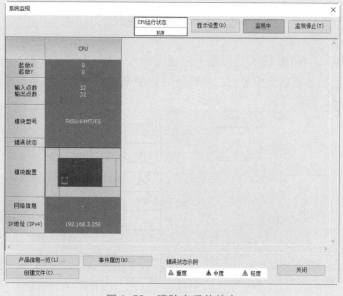

图 1-53 清除完后的状态

除了以上介绍的方法之外，还可以采用将图 1-54 所示的 RUN/STOP/RESET 开关进行直接复位的方法，具体步骤如下：

① 将 RUN/STOP/RESET 开关拨至 RESET 侧保持 1s 以上；

② 确认 ERR LED 多次闪烁；

③ 将 RUN/STOP/RESET 开关拨回 STOP 位置，确定无故障后，拨回 RUN 位置。

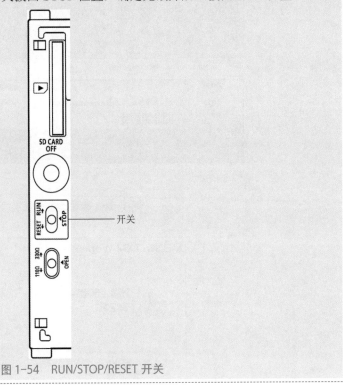

图 1-54　RUN/STOP/RESET 开关

1.2.5　FX5U 输入的两种方式

FX5U PLC 有两种输入接线方式，分别是源型和漏型。

（1）源型输入

如图 1-55 所示，当 DC 输入信号是电流流向输入（X）端子的输入时，称为源型输入。连接晶体管输出型的传感器输出等时，可以使用 PNP 集电极开路型晶体管输出（图 1-56）。

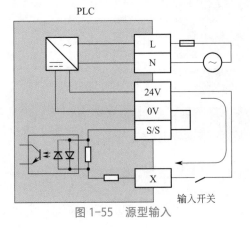

图 1-55　源型输入

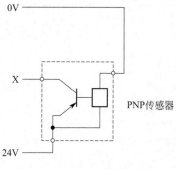

图 1-56 PNP 传感器的接线

（2）漏型输入

当 DC 输入信号是电流从输入（X）端子流出的输入时，称为漏型输入（图 1-57）。连接晶体管输出型的传感器输出等时，可以使用 NPN 集电极开路型晶体管输出（图 1-58）。

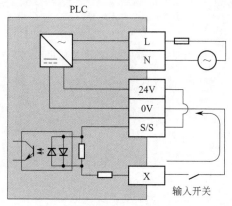

图 1-57 漏型输入

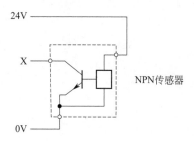

图 1-58 NPN 传感器的接线

第2章

FX5U PLC
编程基础

FX5U的位逻辑指令包括与、或、非、上升沿脉冲、下降沿脉冲、置位和复位，以及交换输出、上升沿和下降沿输出、合并指令等。FX5U在定时器、计数器的种类方面增加了函数类型，它们以通用函数（FB）的形式出现。这个跟之前的传统指令都不相同，更加接近IEC 61131-3标准，包括TON、TOF、TP、TIMER_1_FB_M等定时器函数，以及CTU、CTD、CTUD、COUNTER_FB_M等计数器函数，通过使用这些函数的组合能解决大部分的继电器控制问题，给编程带来了相当大的便利性。

2.1 位逻辑编程与数据定义

2.1.1 常用位逻辑指令

　　三菱 FX5U 的位逻辑指令除了与、或、非、上升沿脉冲、下降沿脉冲、置位和复位之外，其他常用位逻辑包括交换输出、上升沿和下降沿输出、合并指令、批量复位等。

（1）交换输出指令

　　ALT 为交换输出指令，即如果输入变为 ON，对位软元件进行取反（ON ↔ OFF）的指令。后缀名（P）表示只对前面的条件是上升沿时执行一次指令。

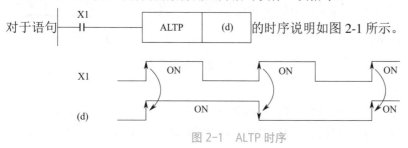

对于语句　┤├（X1）　ALTP　（d）　的时序说明如图 2-1 所示。

图 2-1　ALTP 时序

　　将多个 ALTP 指令组合使用，可进行分频输出，如图 2-2 所示为其语句与时序。

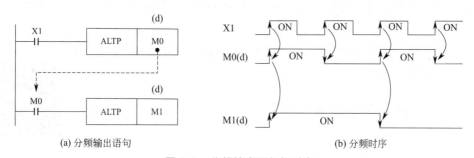

(a) 分频输出语句　　　　　　(b) 分频时序

图 2-2　分频输出语句与时序

（2）上升沿和下降沿输出

　　PLS 上升沿指令　┤　PLS　（d）　├ 是 OFF → ON 时使（d）中指定的软元件 1 个扫描 ON，OFF → ON 以外时使其为 OFF 的指令。

　　图 2-3 所示为上升沿指令与时序，其中 Sc 为 1 个扫描，该指令是在 Sc 中（d）所指定的软元件 PLS 指令为 1 个的情况下，指定软元件 M0 输出 1 个扫描时间的 ON 状态。

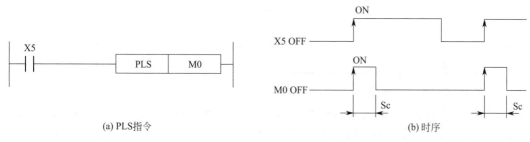

(a) PLS指令　　　　　　　　　　(b) 时序

图 2-3　上升沿 PLS 指令与时序

PLF 下降沿指令——□ PLF │ (d) ├是 ON → OFF 时使（d）中指定的软元件 1 个扫描 ON，ON → OFF 以外时使其为 OFF 的指令。

图 2-4 所示为下降沿指令与时序，其中 Sc 为 1 个扫描，即 1 个扫描中（d）中指定的软元件 PLF 指令为 1 个的情况下，指定软元件将输出 1 个扫描时间的 ON 状态。

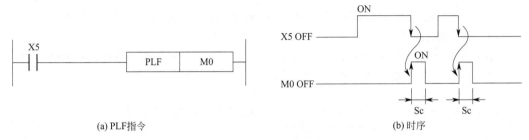

(a) PLF指令　　　　　　　　　　　　　　(b) 时序

图 2-4　下降沿 PLF 指令与时序

（3）合并指令

常见的合并指令包括 INV[0]，即运算结果反转，用 ─╱─ 符号表示；MEF[0]，即运算结果下降沿脉冲化，用 ─↓─ 符号表示；MEP[0]，即运算结果上升沿脉冲化，用 ─↑─ 符号表示。

（4）批量复位

指令——│BKRST(P)│(d)│(n)├表示从（d）中指定的位软元件开始，对（n）点的位软元件进行复位。

指令——│ZRST(P)│(d1)│(d2)├表示在相同类型的（d1）与（d2）中指定的软元件之间进行批量复位。

2.1.2　PLC位逻辑编程实例

【案例 2-1】三个开关控制一个灯

案例要求

有三个开关，按动任何一个开关，使之闭合或断开，都能对灯进行控制，即亮或灭。

案例实施

步骤 1：输入输出定义与电气接线。

表 2-1 所示为本案例的输入 / 输出元件及其名称，图 2-5 所示为电气接线。

表 2-1　输入 / 输出元件及其名称

说明	PLC 软元件	名称
输入	X0	S1/ 开关 1
	X1	S2/ 开关 2
	X2	S3/ 开关 3
输出	Y0	HL1/ 灯

步骤 2：PLC 梯形图编程。

根据表 2-2 所示的开关与灯的逻辑关系，可以给出图 2-6 所示的梯形图。其中软元件注释和程序编辑等参考【案例 1-1】，此处不再赘述。

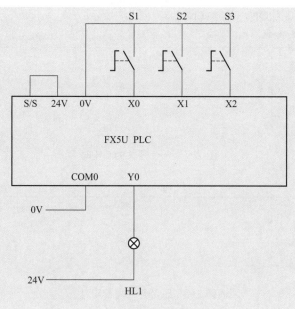

图 2-5 电气接线图

表 2-2 开关与灯的逻辑关系

开关 1	开关 2	开关 3	灯
ON	OFF	OFF	ON
OFF	ON	OFF	ON
OFF	OFF	ON	ON
ON	ON	ON	ON
ON	OFF	ON	OFF
OFF	OFF	OFF	OFF
OFF	ON	ON	OFF
ON	OFF	ON	OFF

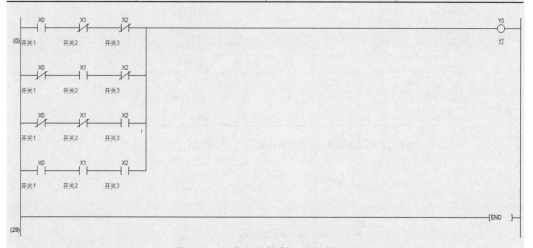

图 2-6 三个开关控制一个灯梯形图

步骤 3：PLC 程序调试。

将程序下载到 PLC 中，进行测试，即一个开关为 ON 时（这里选择 X0 为 ON）和三个

31

开关为 ON 时，灯 Y0 为 ON，具体如图 2-7、图 2-8 所示。

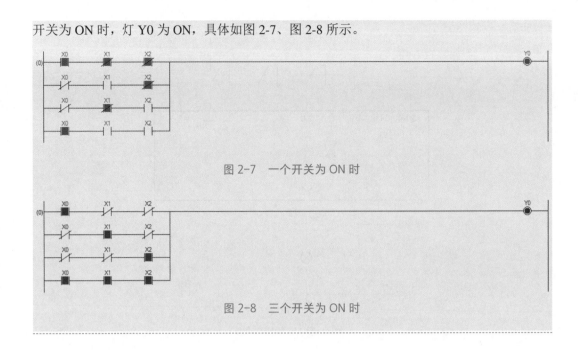

图 2-7　一个开关为 ON 时

图 2-8　三个开关为 ON 时

2.1.3　系统软元件

FX5U 包含了特殊继电器（SM）和特殊寄存器（SD），其中与时钟相关的特殊继电器功能如表 2-3 所示。

表 2-3　特殊继电器的功能

特殊继电器符号	功能
SM400	始终为 ON
SM401	始终为 OFF
SM402	RUN 后仅 1 个扫描 ON
SM403	RUN 后仅 1 个扫描 OFF
SM409	0.01s 时钟
SM410	0.1s 时钟
SM411	0.2s 时钟
SM412	1s 时钟
SM413	2s 时钟
SM414	$2n$s 时钟
SM415	$2n$ms 时钟

其中 SM400、SM402 和 SM410 的波形图如图 2-9 所示。

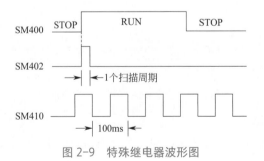

图 2-9　特殊继电器波形图

2.1.4 数据定义

在 FX5U 编程中，会经常用到常数和变量。各种常数数值，一般前缀 K 表示十进制数，H 表示十六进制数，E 表示实数（浮点数）；这些都用作定时器、计数器等软元件的设定值及当前值，或是其他应用指令的操作数。变量则可以用数据寄存器（D）等软元件来表示。

（1）无符号 BIN16 位数

无符号 BIN16 位数能表示 2^{16} 个数，表示范围是 0 ～ 65535。之所以是 65535，是因为 0 也是 1 个数，0 ～ 65535 就是 65536 个数，即 2^{16}。

（2）有符号 BIN16 位数

有符号 BIN16 位数也能表示 2^{16} 个数，因为有 1 位符号位，即第 15 位，如图 2-10 所示，表示范围是 –32768 ～ +32767。当符号位为 0 时，有 15 位表示数，取值范围为 0 ～ +32767，共 32768 个；当符号位为 1 时，取值范围为 –32768 ～ –1，共 32768 个。

图 2-10 有符号 BIN16 位数

（3）无符号 BIN32 位数

无符号 BIN32 位数能表示 2^{32} 个数，表示范围是 0 ～ 4294967295。

（4）有符号 BIN32 位数

有符号 BIN32 位数有 1 位符号位（第 31 位），表示范围是 –2147483648 ～ +2147483647。

（5）BCD4 位数和 BCD8 位数

BCD 码是用 4 位二进制数来表示 1 位十进制数中的 0 ～ 9 这 10 个数码，是一种二进制的数字编码形式，即用二进制编码的十进制代码。BCD4 位数即表示 4 个数码，BCD8 位数即表示 8 个数码。

（6）单精度实数和双精度实数

单精度实数用 4 字节存储，双精度实数用 8 字节存储，分为三个部分：符号位、阶和尾数。阶即指数，尾数即有效小数位数。单精度格式阶占 8 位，尾数占 24 位，符号位占 1 位；双精度则为 11 位阶，53 位尾数和 1 位符号位。

指令—— MOV(P) | (s) | (d) ——是指将（s）中指定的软元件的 BIN16 位数据传送到（d）指定的软元件中。对应的 BIN32 位数据传送则采用 DMOV（P）指令。

2.2 定时器及应用

2.2.1 定时器软元件T/ST及其时序图

（1）定时器软元件 T/ST

定时器（T/ST）在输入信号为 ON 时开始计时，当前计时值超过设置值时，将变为时限到，触点则变为 ON。定时器为加法运算式，当定时器时限到时，当前值与设置值变为相同的值。T 是通用定时器，当输入信号为 OFF 时，定时器值即变为 0；ST 为累计定时器，定时器的值能进行累计。

定时器指令格式—— [□□□] (d) [Value] 中，[□□□] 为 OUT T、OUTH T、OUTHS T、OUT ST、OUTH ST、OUTHS ST 等六种定时器指令，OUT 指令作为 100ms 定时器，OUTH 指令作为 10ms 定时器，OUTHS 指令作为 1ms 定时器动作。表 2-4 所示为定时器操作数的内容、范围和数据类型。

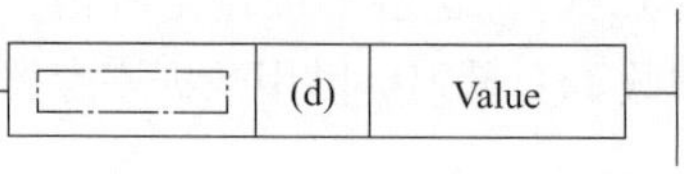

表 2-4　定时器操作数的内容、范围和数据类型

操作数	内容	范围	数据类型
（d）	定时器编号	—	定时器 / 累计定时器
Value	定时器的设置值	0 ～ 32767	无符号 BIN16 位

由于用于定时器设置值的设置范围为 1 ～ 32767，因此实际的定时器常数如下所示：OUT 指令——0.1 ～ 3276.7s；OUTH 指令——0.01 ～ 327.67s；OUTHS 指令——0.001 ～ 32.767s。

需要注意的是，低速定时器、定时器、高速定时器是同一软元件，通过定时器指令的写法可以变为低速定时器、定时器或高速定时器。例如，即使是相同的 T0，指定 OUT T0 时为低速定时器（100ms），指定 OUTH T0 时为定时器（10ms），指定 OUTHS T0 时为高速定时器（1ms）。累计定时器也同样如此。

（2）定时器时序图

图 2-11 所示的 T0 定时器语句中，当 X0 为 ON 时，T0 线圈变为 ON，此时开始计时。定时器的当前值与设置值一致时，即达到 30×100ms=3s 时，时限到，定时器触点将变为 ON。X0 为 OFF 时，将定时器的线圈置为 OFF 时，当前值将变为 0，T0 触点变为 OFF。图 2-12 所示为该定时器语句的时序图。

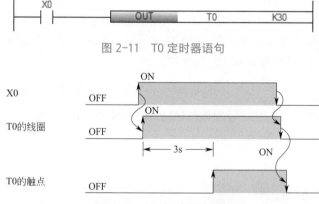

图 2-11　T0 定时器语句

图 2-12　T0 定时器时序图

图 2-13 所示的 ST0 累计定时器语句中，当 X0 为 ON 时，ST0 累计定时器开始计时；15s 后，X0 为 OFF，此时 ST0 保持计时值；等待一段时间后，X0 又为 ON 时，ST0 累计定时器在原来的计时数据上进行累计计时，直到累计达 20s 后，ST0 触点为 ON。当 X1 为 ON 时复位 ST0。图 2-14 所示为该累计定时器的时序图。

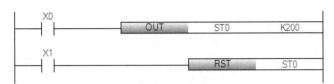

图 2-13　ST0 累计定时器语句

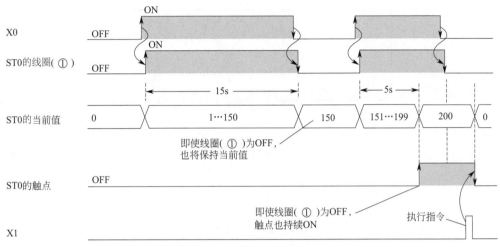

图 2-14　ST0 累计定时器时序图

【案例 2-2】控制电动机延时启动、延时停止

案例要求

用三菱 **FX5U-64MT/ES** 来控制三相交流异步电动机延时启动,具体要求如下:

① 按下 **SB1** 启动按钮,HL1 警示灯先亮起来,延时 10s 后,警示灯灭,电动机运转;

② 按下 **SB2** 停止按钮,HL1 警示灯再次亮起来,延时 8s 后,电动机停止,警示灯灭。

案例实施

步骤 1:输入输出定义与电气接线。

图 2-15 所示为电气接线图,表 2-5 所示为输入 / 输出元件及其功能。

表 2-5　输入 / 输出元件及其功能

输入	功能	输出	功能
X0	SB1 启动按钮	Y0	HL1 警示灯
X1	SB2 停止按钮	Y1	KM1 电动机接触器

步骤 2:梯形图编程。

如图 2-16 所示进行梯形图编辑,程序解释如下:

步 0—8:由 SB1 启动按钮与启动延时定时器 T0(定时 10s)组成自锁回路,输出为内部继电器 M0,即启动警示灯输出;

步 15:由启动延时定时器 T0 与停止延时定时器 T1(定时 8s)组成自锁电路,输出为 KM1 电动机接触器;

步 23—31:由 SB2 停止按钮与停止延时定时器 T1(定时 8s)组成自锁电路,输出为内

35

部继电器 M1,即启动警示灯输出;

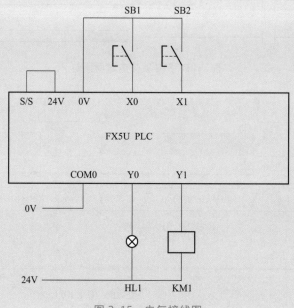

图 2-15　电气接线图

步 38:由 M0 或 M1 内部继电器关联 HL1 警示灯输出。

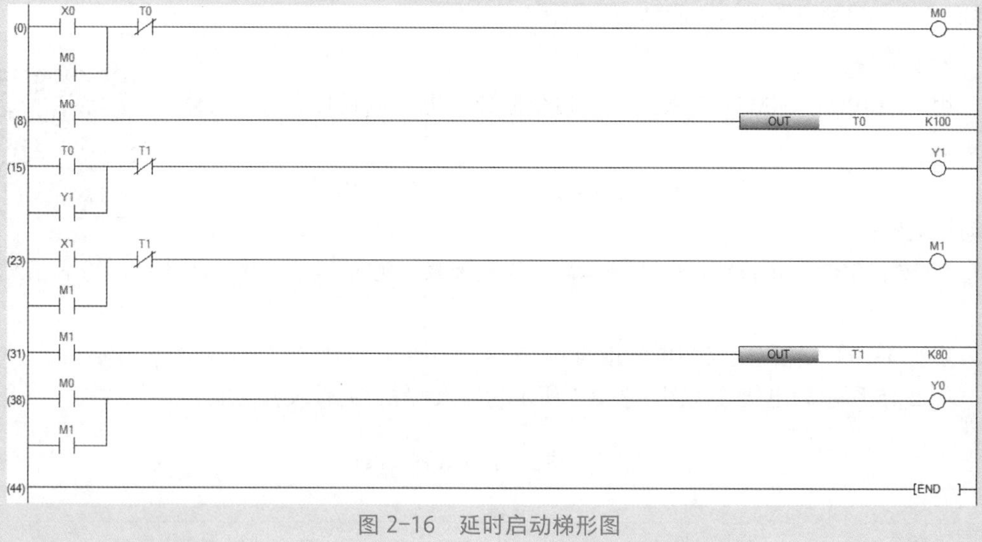

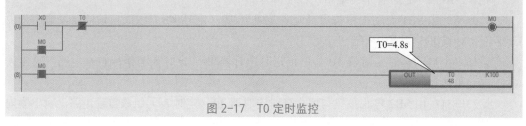

图 2-16　延时启动梯形图

步骤 3:联机监控。

下载程序并联机监控。图 2-17 和图 2-18 中的框线阴影部分即为定时 T0 和 T1 的实时时间。

图 2-17　T0 定时监控

图 2-18 T1 定时监控

2.2.2 定时器函数类型

FX5U 的定时器除了上述介绍的形式之外，还可以采用通用函数（FB）的形式出现，这个跟三菱 FX3U 之前的任何 PLC 语句都不同了，而是更接近 IEC 61131-3 标准，这里称之为定时器函数。表 2-6 所示为定时器函数类型与功能。

表 2-6 定时器函数类型与功能

定时器类型	功能
TIMER_100_FB_M	执行条件成立时，至设置时间为止执行定时器计数
TIMER_10_FB_M	执行条件成立时，至设置时间为止执行定时器计数
TIMER_1_FB_M	执行条件成立时，至设置时间为止执行定时器计数
TIMER_CONTHS_FB_M	执行条件成立时，至设置时间为止执行定时器计数
TIMER_CONT_FB_M	执行条件成立时，至设置时间为止执行定时器计数
TOF	超出指定的时间后，将信号设置为 OFF
TOF_10	超出指定的时间后，将信号设置为 OFF
TOF_10_E	超出指定的时间后，将信号设置为 OFF
TOF_E	超出指定的时间后，将信号设置为 OFF
TON	超出指定的时间时，将信号设置为 ON
TON_10	超出指定的时间时，将信号设置为 ON
TON_10_E	超出指定的时间时，将信号设置为 ON
TON_E	超出指定的时间时，将信号设置为 ON
TP	在指定的时间内时，将信号设置为 ON
TP_10	在指定的时间内时，将信号设置为 ON
TP_10_E	在指定的时间内时，将信号设置为 ON
TP_E	在指定的时间内时，将信号设置为 ON

（1）TON 延迟定时器

TON 延迟定时器（以下简称 TON 定时器）是在指定时间后将信号置为 ON，它共有四种类型，包括 TON、TON_E、TON_10 和 TON_10_E，其后缀"_E"为包含有 EN/ENO 表达方式的定时器。图 2-19 所示是 TON 定时器函数形式，包括无 EN/ENO 和有 EN/ENO 两种表达方式，本书对于通用函数（FB）侧重介绍"无 EN/ENO"表达方式。表 2-7 所示是 TON 定时器设置数据详情。

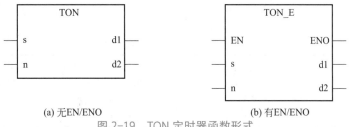

(a) 无EN/ENO (b) 有EN/ENO
图 2-19 TON 定时器函数形式

37

表 2-7　TON 定时器设置数据详情

自变量	内容	类型	数据类型
EN	执行条件（TRUE：执行，FALSE：停止）	输入变量	BOOL
s（IN）	时间计测	输入变量	BOOL
n（PT）	延迟时间设置值	输入变量	TIME
ENO	输出状态（TRUE：正常，FALSE：异常或停止）	输出变量	BOOL
d1（Q）	输出	输出变量	BOOL
d2（ET）	经过时间	输出变量	TIME

TON 定时器工作原理如下：如果（s）变为 ON，则经过（n）中设置的时间后将（d1）置为 ON，（d2）设置（d1）变为 ON 后的延迟经过时间；如果（s）变为 OFF，则将（d1）置为 OFF 并复位延迟经过时间。其中延迟时间设置值和经过时间均使用 TIME 软元件，（n）的有效设置范围为 0 ～ 32767ms。

如果定时器是 TON_E 时，（n）的输出时间设置值为 100ms 单位以上；如果定时器是 TON_10_E 时，（n）的输出时间设置值为 10ms 单位以上。如果（n）的设置值在中途变更，则只有（s）从 OFF → ON（上升沿）时，该（n）的设置值才正式生效。

当 n ＝ T#5s 的情况下，TON 定时器输出的时序图如图 2-20 所示，（d2）的变化情况有 3 个阶段：

第（1）阶段：通过（s）=ON 开始（d2）的时间计测；

第（2）阶段：若（d2）到达（n）中指定的时间，将（d1）置为 ON；

第（3）阶段：在（s）的下降沿中将（d2）复位。

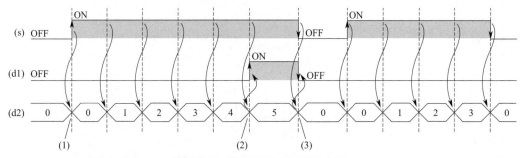

图 2-20　TON 延迟定时器时序图

【案例 2-3】电动机正反转定时控制

案例要求

按下启动按钮，电动机先以正转运行 10s，然后反转运行 10s，然后停机。

案例实施

步骤 1：输入输出定义与电气接线。

表 2-8 所示是电动机正反转定时控制输入 / 输出元件及其功能，图 2-21 为其电气接线。

表 2-8　输入 / 输出元件及其功能

说明	PLC 软元件	名称	控制功能
输入	X0	SB1/ 启动按钮	启动控制
输出	Y0	KM1/ 正转接触器	电动机正转
	Y1	KM2/ 反转接触器	电动机反转

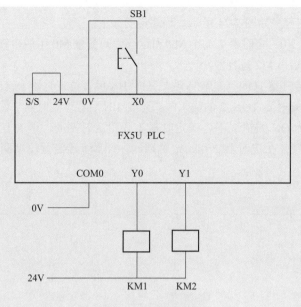

图 2-21　电气接线图

步骤 2：PLC 梯形图编程。

本案例采用 TON 定时器进行编程。如图 2-22 所示，将右侧通用函数 /FB 处的定时器 "TON" 用鼠标拖曳至程序段中的任何一个位置。此时会弹出图 2-23 所示的 FB 实例名输入窗口，包括选择 "局部标签" 或 "全局标签"，以及定时器的命名，这里选择默认的 "局部标签" 和以顺序作为后缀名的 "TON_1"。本案例共使用 2 个定时器，则第二个定时器为 TON_2。

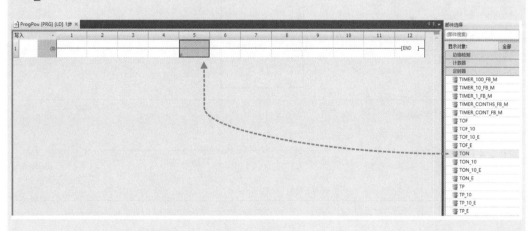

图 2-22　拖曳定时器 "TON" 通用函数

图 2-23　FB 实例名输入

39

完成后的梯形图程序如图 2-24 所示，程序说明如下：

步 0：启动按钮 X0、定时器 2 输出 M2 和运行中间变量 M0 组成自锁控制，即先由启动按钮进行启动 M0，后由 M2 进行停止。

步 8：M0 作为定时器 TON_1 的输入端，延时 10s 后置位定时器 1 输出 M1。

步 35：M1 作为定时器 TON_2 的输入端，延时 10s 后置位定时器 2 输出 M2。

步 62：在 M0 为 ON 的情况下，在定时器 1 开始定时期间，即 M1 尚未置位期间，Y0 为 ON，并与 Y1 互锁；在定时器 2 开始定时期间，即 M1 已经置位期间，Y1 为 ON，并与 Y0 互锁。

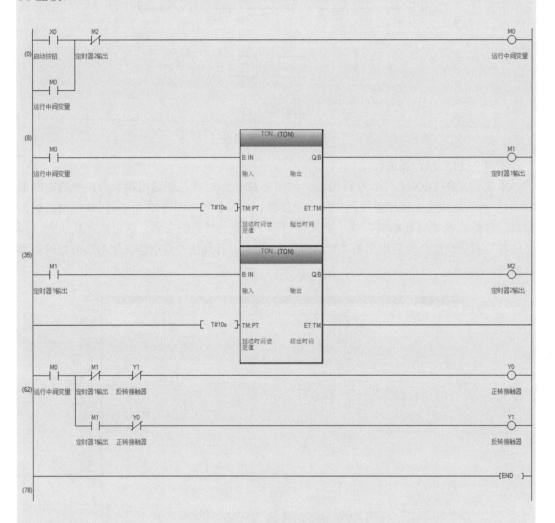

图 2-24　梯形图程序

步骤 3：程序调试。

本案例关键的是对定时器的理解，图 2-25 所示正转期间的定时器变化值，即 TON_1 从 0s 变化到 10s，这之间 M1 为 OFF；而当 M1 输出时，电动机进入反转，TON_1 的定时器值不变，TON_2 则从 0s 变化到 10s，这之间 M2 为 OFF，如图 2-26 所示。

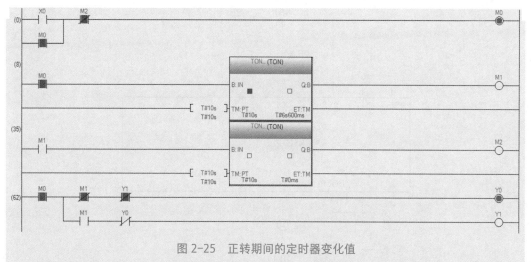

图 2-25 正转期间的定时器变化值

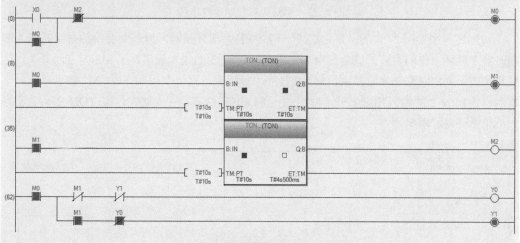

图 2-26 反转期间的定时器变化值

【案例 2-4】彩灯闪烁

案例要求

按下启动按钮,彩灯进入闪烁状态,闪烁周期为12s,其中亮7s、灭5s;按下停止按钮,彩灯闪烁停止。

案例实施

步骤 1:输入输出定义与电气接线。

表 2-9 所示为输入 / 输出元件及其功能,图 2-27 所示为其电气接线。

表 2-9 输入 / 输出元件及其功能

说明	PLC 软元件	名称	控制功能
输入	X0	SB1/ 启动按钮	启动控制
	X1	SB2/ 停止按钮	停止控制
输出	Y0	HL1/ 彩灯	灯闪烁

步骤 2:PLC 梯形图编程。

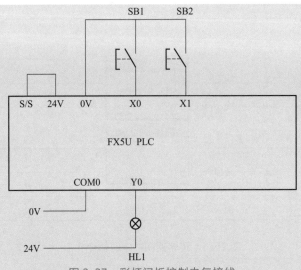

图 2-27 彩灯闪烁控制电气接线

　　梯形图程序如图 2-28 所示，它跟【案例 2-3】大部分相同，但是要解决的是定时器 1 和定时器 2 循环工作的事情，就是在步 8，定时器 TON_1 的输入端串接了 M2 的常闭开关，这就意味着：当定时器 2 定时结束，M2 就置位，彩灯亮、灭一个周期完成；M2 触点动作，则TON_1、TON_2 的输入相继断开，M2 又回到 OFF 的状态，于是 TON_1、TON_2 又重新进入一轮循环定时周期。

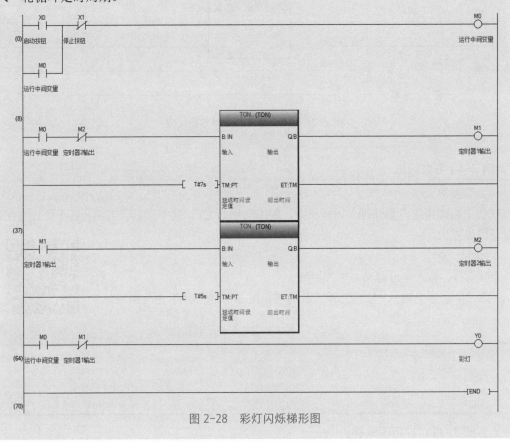

图 2-28 彩灯闪烁梯形图

（2）TOF 延迟定时器

TOF 延迟定时器（以下简称 TOF 定时器）是在输入断开后延迟指定时间后才将信号置为 OFF，它共有四种类型，包括 TOF、TOF_E、TOF_10 和 TOF_10_E，其后缀 "_E" 为包含有 EN/ENO 表达方式的定时器。图 2-29 所示是 TOF 定时器函数形式，包括无 EN/ENO 和有 EN/ENO 两种表达方式。TOF 定时器设置数据详情与 TON 定时器相同。

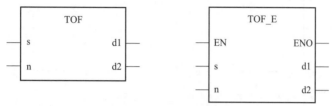

图 2-29　TOF 定时器函数形式

图 2-30 所示是 n = T#5s 的情况下的 TOF 时序图，它共有 3 个阶段，即：

第（1）阶段：通过（s）=OFF 开始（d2）的时间计测；

第（2）阶段：若（d2）通过（n）到达指定的时间，则将（d1）置为 OFF；

第（3）节点：通过（s）=ON 将（d2）复位。

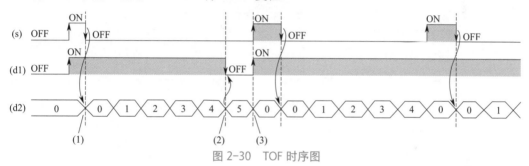

图 2-30　TOF 时序图

【案例 2-5】异常信号处理

案例要求

某设备在检测信号为 ON 时，其运行接触器为 ON；当该检测信号为 OFF 的时候，则运行接触器继续接通 6s，并在 6s 后断开，同时报警灯进入 1s 周期的闪烁状态。该报警灯可以通过复位按钮来复位。

案例实施

步骤 1：输入输出定义与电气接线。

表 2-10 所示是异常信号处理的输入 / 输出元件及其功能，图 2-31 是其电气接线。

表 2-10　输入 / 输出元件及其功能

说明	PLC 软元件	名称
输入	X0	S1/ 检测信号
	X1	SB1/ 复位按钮
输出	Y0	KM1/ 运行接触器
	Y1	HL1/ 报警灯

步骤 2：梯形图编程。

图 2-32 为梯形图，程序说明如下：

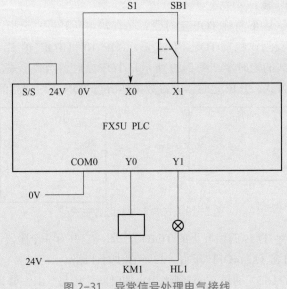

图 2-31 异常信号处理电气接线

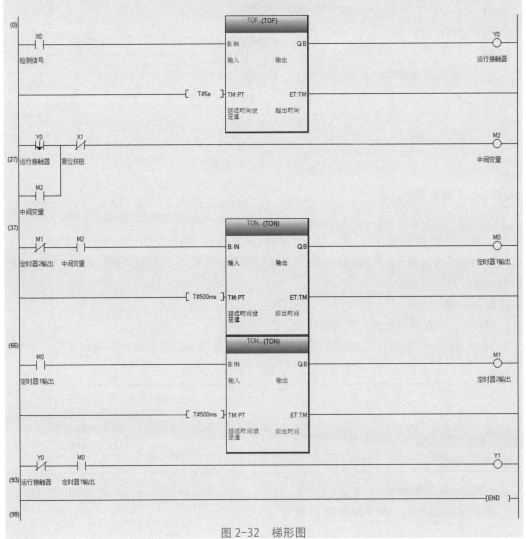

图 2-32 梯形图

步 0：调用 TOF 函数，对检测信号 X0 进行断电延时 6s 操作，输出为 Y0；

步 27：由运行接触器的下降沿信号与复位信号构成自锁电路，输出为 M2；

步 37—66：调用 TON 函数形成一个 1s 周期脉冲；

步 93：将运行接触器断电和定时器输出 M0 关联输出报警灯。

步骤 3：在线调试。

根据 X0 信号为 OFF 时进行 TOF 动作，此时开始进行断电延时，获得监控数据如图 2-33 所示。

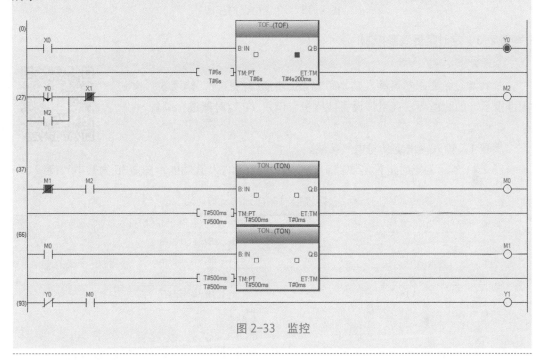

图 2-33　监控

（3）TP 脉冲定时器

TP 脉冲定时器（以下简称 TP 定时器）是在指定时间期间将信号置为 ON。它共有四种类型，包括 TP、TP_E、TP_10 和 TP_10_E，其后缀 "_E" 为包含有 EN/ENO 表达方式的定时器。图 2-34 所示是 TP 定时器函数形式，包括无 EN/ENO 和有 EN/ENO 两种表达方式。TP 定时器设置数据详情与 TON 定时器相同。

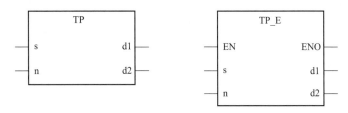

图 2-34　TP 定时器函数形式

图 2-35 所示是 n ＝ T#5s 的情况下的 TP 时序图，它共有 3 个阶段，即：

第（1）阶段：通过（s）=ON 将（d1）置为 ON。通过（s）=ON 开始（d2）的时间计测。

第（2）阶段：若（d2）通过（n）到达指定的时间，则将（d1）置为 OFF。

第（3）阶段：通过（s）=OFF 且（d1）=OFF 将（d2）初始化。

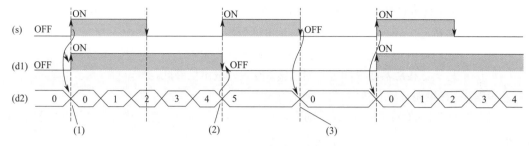

图 2-35　TP 定时器时序图

【案例 2-6】定时定量滴灌控制

案例要求

某滴灌设备要求在启动之后，每隔 15s 滴灌阀门打开，滴灌 5s，并进行闪烁指示，如此循环，直至该设备被停机。请用 **TP** 定时器进行编程。

案例实施

步骤 1：输入输出定义与电气接线。

表 2-11 所示为定时定量滴灌控制的输入 / 输出元件及其功能，图 2-36 为其电气接线。

表 2-11　输入 / 输出元件及其功能

说明	PLC 软元件	名称
输入	X0	SB1/ 启动按钮
	X1	SB2/ 停止按钮
输出	Y0	KA1/ 电磁阀线圈
	Y1	HL1/ 指示灯

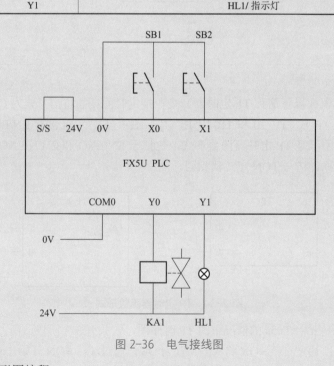

图 2-36　电气接线图

步骤 2：梯形图编程。

本案例共有两个部分跟定时器有关,第一个部分是滴灌设备电磁阀线圈接通是滴灌 5s、间隔 10s,形成一个定时器组循环;第二个部分是指示灯闪烁,可以设定为接通 500ms、断开 500ms,也形成一个定时器组循环。TP 定时器形成定时器组跟 TON 定时器不同,这一点需要注意,因为 TP 定时器是输入一接通,则输出就为 ON,其逻辑与 TON 不一样。图 2-37 所示为梯形图。

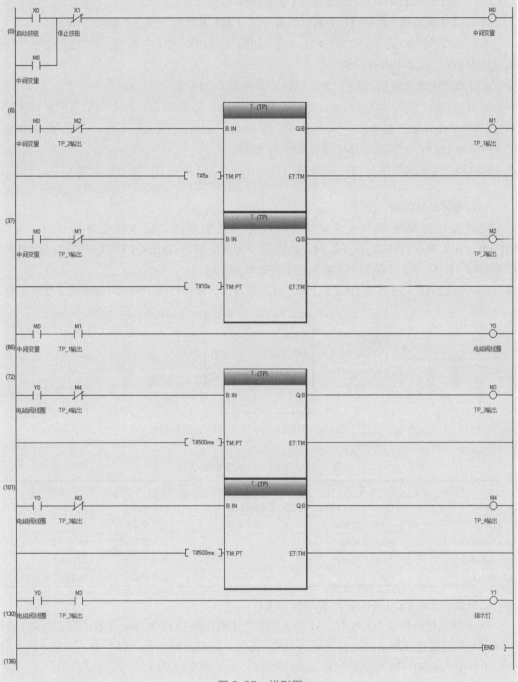

图 2-37　梯形图

步 0:启动按钮 X0、停止按钮 X1 和中间变量 M0 形成自锁控制。

步 8：中间变量 M0 和 TP_2 输出的常闭触点 M2 作为 TP_1 的输入，此时 M1 一直保持输出为 ON，直到 5s 结束。

步 37：中间变量 M0 和 TP_1 输出的常闭触点 M1 作为 TP_2 的输入，此时 M2 一直保持输出为 ON，直到 10s 结束；之后，M2 为 OFF，则步 8 在下一个扫描周期来的时候，TP_1 开始动作，进入循环。只要 M0 为 ON，则步 8 和步 37 是一个循环工作的定时器组，周期是 15s，其中 M1 输出 ON 为 5s，M2 输出 ON 为 10s。

步 66：中间变量 M0 和 TP_1 输出的常开触点 M1 串联后，输出电磁阀线圈 Y0。

步 72：电磁阀线圈 Y0 和 TP_4 输出的常闭触点 M4 作为 TP_3 的输入，此时 M3 一直保持输出为 ON，直到 500ms 结束。

步 101：电磁阀线圈 Y0 和 TP_3 输出的常闭触点 M3 作为 TP_4 的输入，此时 M4 一直保持输出为 ON，直到 500ms 结束；之后，M4 为 OFF，则步 72 在下一个扫描周期来的时候，TP_3 开始动作，进入循环。步 72 和步 101 也是一个循环工作的定时器组，周期是 1000ms，其中 M3 输出 ON 为 500ms，M4 输出 ON 为 500ms。

步 130：电磁阀线圈 Y0 和 TP_3 输出的常开触点 M3 串联后，输出指示灯 Y1。

（4）定时器功能块

定时器功能块就是当执行条件成立时至设置的时间为止执行定时器计时，共有 TIMER_1_FB_M、TIMER_10_FB_M、TIMER_100_FB_M、TIMER_CONT_FB_M、TIMER_CONTHS_FB_M 等 5 个类型，其区别在于计时单位不同。

图 2-38 所示是定时器块 TIMER_1_FB_M 函数形式，表 2-12 所示为定时器块设置数据详情。

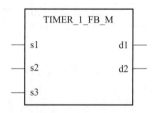

图 2-38　定时器块 TIMER_1_FB_M 函数形式

表 2-12　定时器块设置数据详情

自变量	内容	类型	数据类型
s1（Coil）	执行条件（TRUE：执行，FALSE：停止）	输入变量	BOOL
s2（Preset）	定时器设置值	输入变量	INT
s3（ValueIn）	定时器初始值	输入变量	INT
d1（ValueOut）	定时器当前值	输出变量	ANY16
d2（Status）	输出	输出变量	BOOL

定时器块 TIMER_1_FB_M 运算过程如下：

（s1）的执行条件变为 ON 时，开始当前值的计测。从（s3）×1ms 开始计测，直到（s2）×1ms 为止，到达计测值时（d2）变为 ON。当前计测值被输出到（d1）中。如果（s1）的执行条件变为 OFF，则当前值变为（s3）的值，（d2）也变为 OFF。

（s2）中可以指定 0 ～ 32767 的值。

（s3）中可以指定 -32768 ～ 32767 的值。但是，指定了负值的情况下，初始值为 0。

当设定（s1）=M0、（s2）=10、（s3）=1、（d1）=D10、（d2）=M10 时，其时序图如图 2-39 所示。

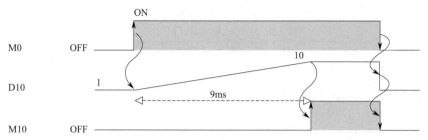

图 2-39　定时器块时序图

对于 TIMER_10_FB_M 来说，是从（s3）×10ms 开始计测，直到（s2）×10ms 为止，到达计测值时（d2）变为 ON。

对于 TIMER_100_FB_M 来说，从（s3）×100ms 开始计测，直到（s2）×100ms 为止，到达计测值时（d2）变为 ON。

累计定时器有低速累计定时器（TIMER_CONT_FB_M）与高速累计定时器（TIMER_CONTHS_FB_M）两种类型。从（s3）×100ms（高速累计定时器时为 1ms）开始计测，直到（s2）×100ms（高速累计定时器时为 1ms）为止，达到计测值时（d2）变为 ON。当前计测值被输出到（d1）中。即使（s1）的执行条件变为 OFF，仍保持（d1）、（d2）的 ON/OFF 状态。（s1）的执行条件再次变为 ON 时，从保持的计测值重新开始计测。累计定时器可以用 RST 来进行复位。

【案例 2-7】设备定时检修报警

案例要求

某设备要求在保养后，对每一次的运行都进行统计，如果统计总运行时长达 200s（编程的需要缩短为 200s，实际可能更长）时，则系统停机，保养指示灯闪烁。等保养结束后，可以按复位按钮进行定时器清零，并再次进入 200s 累计定时检修报警。请用定时器功能块进行编程。

案例实施

步骤 1：输入输出定义与电气接线。

表 2-13 所示为输入 / 输出元件及其功能，图 2-40 为其电气接线。

表 2-13　输入 / 输出元件及其功能

说明	PLC 软元件	名称	控制功能
输入	X0	SB1/ 停止按钮	启停控制
	X1	SB2/ 启动按钮	启停控制
	X2	SB3/ 复位按钮	保养结束后的定时清零
输出	Y0	KM1/ 运行接触器	设备运行
	Y1	HL1/ 指示灯	灯闪烁

步骤 2：梯形图编程。

梯形图如图 2-41 所示。

步 0：停止按钮 X0、启动按钮 X1 和运行接触器 Y0 形成自锁控制，当累计定时器输出 M0 动作时，Y0 也将停止。

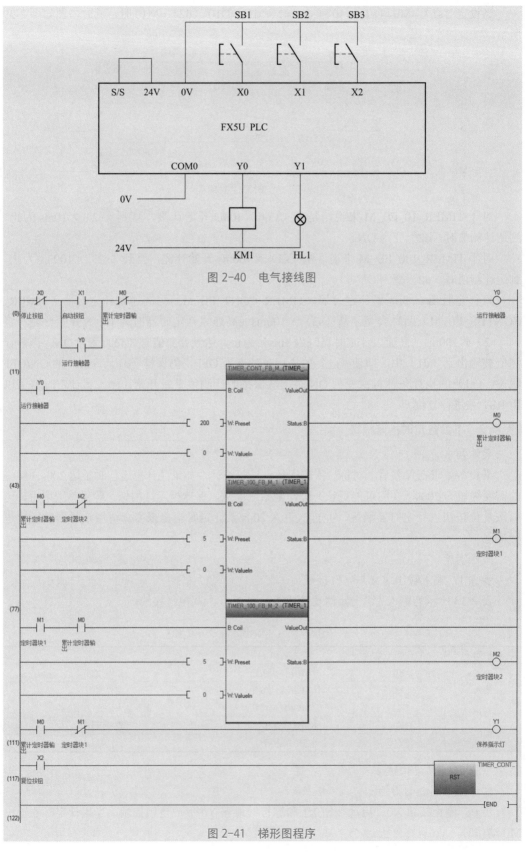

图 2-40　电气接线图

图 2-41　梯形图程序

步 11：累计定时器 TIMER_CONT_FB_M_1 对输入 Y0 进行累计计时，输出 M0，其定时时间从 0×100ms 到 200×100ms（即 20s）。需要注意，对于时间的变量输入，由于数据类型跟 TON 等不一致，这里输入的是整数。

步 43 和步 77：参考 TON 定时器，组形成周期闪烁一样，这里采用两个定时器块 TIMER_100_FB_M_1 和 TIMER_100_FB_M_2 形成周期 1000ms（即 500ms 亮和 500ms 灭）。

步 111：将累计定时器输出 M0 和 1000ms 周期中的 M1 常闭触点串接，输出指示灯 Y1。

步 117：采用 RST TIMER_CONT_FB_M_1.Coil 指令来对累计定时器进行复位。

2.3　计数器及应用

2.3.1　计数器软元件 C/LC

计数器指令——| OUT | (d) | Value |—是 OUT 指令之前的运算结果由 OFF → ON 变化时，将（d）中指定的计数器的当前值 +1，如果计数到，常开触点将导通，常闭触点变为非导通。表 2-14 所示为计数器操作数的内容、范围和数据类型，其中（d）一般可以定义 C0、C1……，Value 若使用常数时，只能使用十进制常数（K）。

表 2-14　计数器操作数的内容、范围和数据类型

操作数	内容	范围	数据类型
（d）	计数器编号	—	计数器
Value	计数器的设置值	0 ~ 32767	无符号 BIN16 位

LC 是超长计数器，其指令格式跟计数器一样，只是（d）定义为 LC0、LC1……，Value 为无符号 BIN32 位，范围为 0 ~ 4294967295。

这里举例说明计数器 C 的用法。如图 2-42 所示，X0 为复位信号，当 X0 为 ON 时 C0 复位。X1 是计数输入，每当 X1 接通一次，计数器当前值增加 1（注意 X0 断开，否则计数器不会计数）。当计数器计数当前值为设定值 10 时，计数器 C0 的输出触点动作，Y0 被接通。此后即使输入 X1 再接通，计数器的当前值也保持不变。当复位输入 X0 接通时，执行 RST 复位指令，计数器复位，输出触点也复位，Y0 被断开。

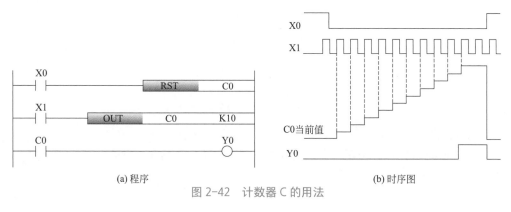

(a) 程序　　　　　　　　　　(b) 时序图

图 2-42　计数器 C 的用法

51

【 案例 2-8 】包装计数

案例要求

用三菱 FX5U-64MT/ES 来进行包装计数，具体要求如下：

① 按下 SB1 启动按钮，输送带电动机运行，上面的产品经过光电开关位置后送入成品箱，设定每箱计数 6 个，当 6 个满箱后，HL1 计数值达到指示灯亮起来，同时停止输送；

② 再次按下 SB1 启动按钮，HL1 灯指示灭掉，按照步骤①进行产品计数包装作业；

③ 任何时候都可以按下 SB2 停止按钮，输送带停机，但不清除计数器现有数据。

案例实施

步骤 1：输入输出定义与电气接线。

本案例的输入输出定义如表 2-15 所示。由于需要有计数检测装置，可在进库口设置光电开关来检测输送带上的物品是否到达相应的位置。电气接线图如图 2-43 所示，其中光电开关采用 NPN 方式。

表 2-15　输入输出 I/O 表

输入	功能含义	输出	功能含义
X0	S1 物品进库检测光电开关	Y0	HL1 计数值达到指示灯
X1	SB1 启动按钮	Y1	KM1 输送带电动机
X2	SB2 停止按钮		

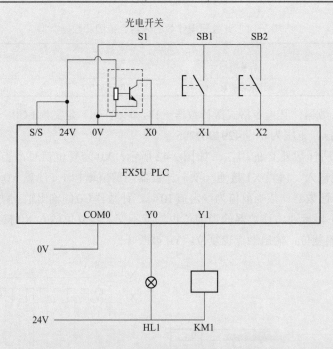

图 2-43　包装计数电气接线图

步骤 2：梯形图程序编写。

编写梯形图如图 2-44 所示，需要设置 2 个中间变量，即 M0 为电机运行，M1 为计数到状态。程序解释如下：

步 0：采用初始脉冲特殊继电器 SM402 来复位计数器 C0。在 M1 计数到时按下 SB1，则启动电动机后还同时复位 C0。

步 10：按下按钮 SB1 置位 M0 并启动电动机。

步 14：当 SB2 停止按钮时，复位 M0 和 M1。

步 20：在电动机运行时，通过光电开关来计数 C0。

步 29：当计数值达到时，置位 HL1 计数值达到指示灯、计数到状态内部继电器 M1 和复位电机运行内部继电器 M0。

步 37：当计数值未达到时，复位 HL1。

步 41：将内部继电器 M0 与 Y1 相连。

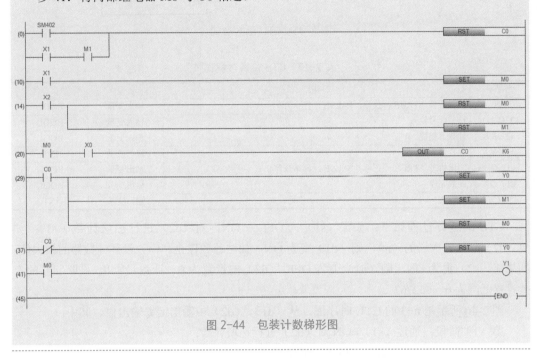

图 2-44　包装计数梯形图

2.3.2　计数器函数类型

FX5U 的计数器除了 C/LC 软元件之外，还可以采用通用函数（FB）的形式出现，这里称之为计数器函数。表 2-16 所示为计数器函数类型与功能。

表 2-16　计数器函数类型与功能

计数器类型	功能
COUNTER_FB_M	执行条件成立后，执行计数上升
CTD	对信号的上升沿次数进行计数
CTD_E	对信号的上升沿次数进行计数
CTU	对信号的上升沿次数进行计数
CTUD	对信号的上升沿次数执行计数上升 / 计数下降
CTUD_E	对信号的上升沿次数执行计数上升 / 计数下降
CTU_E	对信号的上升沿次数进行计数

（1）CTU 计数器

CTU 计数器是升值计数器，即对信号的上升沿次数进行递增计数，它包括 CTU 和 CTU_E 两种，其函数形式如图 2-45 所示，表 2-17 所示为 CTU 设置数据详情。

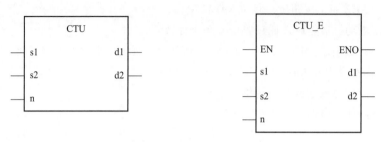

图 2-45　CTU 函数形式

表 2-17　CTU 设置数据详情

自变量	内容	类型	数据类型
EN	执行条件（TRUE：执行，FALSE：停止）	输入变量	BOOL
s1（CU）	计数信号输入	输入变量	BOOL
s2（R）	计数值复位	输入变量	BOOL
n（PV）	计数最大值	输入变量	INT
ENO	输出状态（TRUE：正常，FALSE：异常或停止）	输出变量	BOOL
d1（Q）	计数完成	输出变量	BOOL
d2（CV）	计数值	输出变量	INT

CTU 的运算过程如下：如果（s1）为 OFF → ON，对（d2）进行加法计数（+1）；如果（d2）到达计数器的（n），则（d1）变为 ON，加法计数停止。（n）设置计数器的最大值。如果将（s2）置为 ON，则（d1）变为 OFF，（d2）被设置为 0。计数最大值，即（n）的有效设置范围为 0 ～ 32767。

图 2-46 所示是 n=3 的 CTU 时序图，从（d1）、（d2）中输出运算输出值。其中：

第（1）阶段：通过（s1）=ON 对（d2）进行递增计数；

第（2）阶段：通过（s2）=ON 将（d2）清零。

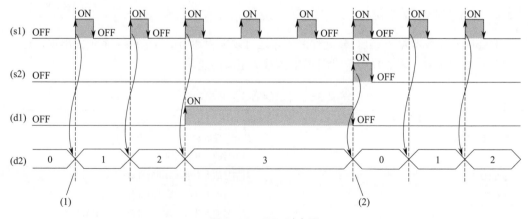

图 2-46　CTU 时序图

（2）CTD 计数器

CTD 计数器是降值计数器，即对信号的上升沿次数进行递减计数，它包括 CTD 和

CTD_E 两种，其函数形式如图 2-47 所示，表 2-18 所示为 CTD 设置数据详情。

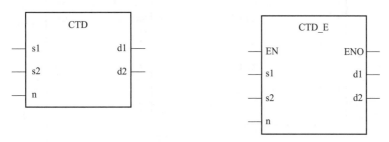

图 2-47　CTD 函数形式

表 2-18　CTD 设置数据详情

自变量	内容	类型	数据类型
EN	执行条件（TRUE：执行，FALSE：停止）	输入变量	BOOL
s1（CD）	计数信号输入	输入变量	BOOL
s2（LD）	计数值设置	输入变量	BOOL
n（PV）	计数开始值	输入变量	INT
ENO	输出状态（TRUE：正常，FALSE：异常或停止）	输出变量	BOOL
d1（Q）	计数完成	输出变量	BOOL
d2（CV）	计数值	输出变量	INT

CTD 的运算过程如下：如果（s1）为 OFF → ON，对（d2）进行减法计数（-1）。（d2）为 0 的情况下，（d1）变为 ON，减法计数停止。（n）设置为计数开始值。如果将（s2）置为 ON，（d1）变为 OFF，（d2）被设置为（n）。

图 2-48 所示是 n=3 的 CTD 时序图，从（d1）、（d2）中输出运算输出值。其中：

第（1）阶段：通过（s2）=ON 将（d2）初始化；

第（2）阶段：通过（s1）的上升沿对（d2）进行递减计数。

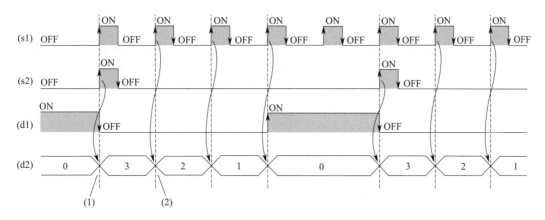

图 2-48　CTD 时序图

（3）CTUD 计数器

CTUD 计时器是双向计数器，即对信号的上升沿次数进行递增/递减计数。它包括 CTUD 和 CTUD_E 两种，其函数形式如图 2-49 所示，表 2-19 所示为 CTUD 设置数据详情。

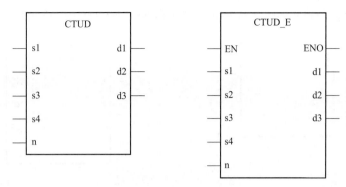

图 2-49　CTUD 函数形式

表 2-19　CTUD 设置数据详情

自变量	内容	类型	数据类型
EN	执行条件（TRUE：执行，FALSE：停止）	输入变量	BOOL
s1（CU）	递增计数信号输入	输入变量	BOOL
s2（CD）	递减计数信号输入	输入变量	BOOL
s3（R）	计数值复位	输入变量	BOOL
s4（LD）	计数值设置	输入变量	BOOL
n（PV）	计数最大值/开始值	输入变量	INT
ENO	输出状态（TRUE：正常，FALSE：异常或停止）	输出变量	BOOL
d1（QU）	递增计数完成	输出变量	BOOL
d2（QD）	递减计数完成	输出变量	BOOL
d3（CV）	当前计数值	输出变量	INT

CTUD 的运算处理如下：

1）递增计数

如果（s1）为 OFF → ON，对（d3）进行加法计数（+1）。如果（d3）到达（n），则（d1）变为 ON，加法计数停止。（n）设置为计数器的最大值。如果将（s3）置为 ON，则（d1）变为 OFF，（d3）被设置为 0。

2）递减计数

如果（s2）为 OFF → ON，对（d3）进行减法计数（-1）。（d3）为 0 的情况下，（d2）变为 ON，减法计数停止。（n）设置为计数器的开始值。如果将（s4）置为 ON，则（d2）变为 OFF，（d3）被设置为（n）。

3）计数最大值/开始值

（n）的有效设置范围为 0 ～ 32767。

4）其他

如果（s1）、（s2）同时为 OFF → ON，（s1）优先对（d3）进行加法计数（+1）。如果将（s3）、（s4）同时置为 ON，（s3）优先将（d3）设置为 0。

图 2-50 所示是 n=3 的 CTUD 时序图，其中：

第（1）阶段：通过（s1）的 OFF → ON 对（d3）进行递增计数；

第（2）阶段：通过（s3）的 OFF → ON 将（d3）置为 0；

第（3）阶段：通过（s2）的 OFF → ON 对（d3）进行递减计数；

第（4）阶段：通过（s4）的 OFF → ON 将（d3）置为 3。

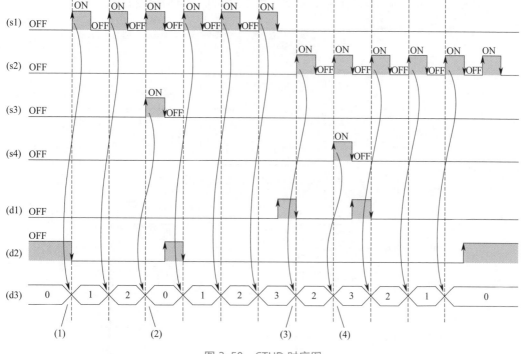

图 2-50　CTUD 时序图

（4）计数器功能块

COUNTER_FB_M 是执行递增计数的计数器功能块，图 2-51 所示是其函数形式，表 2-20 所示是其设置数据详情。

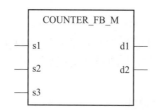

图 2-51　COUNTER_FB_M 函数形式

表 2-20　COUNTER_FB_M 设置数据详情

自变量	内容	类型	数据类型
s1（Coil）	执行条件（TRUE：执行，FALSE：停止）	输入变量	BOOL
s2（Preset）	计数器设置值	输入变量	INT
s3（ValueIn）	计数器初始值	输入变量	INT
d1（ValueOut）	计数器当前值	输出变量	ANY16
d2（Status）	输出	输出变量	BOOL

COUNTER_FB_M 的运算过程如下：

检测（s1）的上升沿（OFF → ON）后进行计数。（s1）为 ON 不变的状况下不进行计数。计数从（s3）的值开始，如果变为（s2）的值，则（d2）变为 ON。当前的计数值被存储到（d1）中。（s2）中可以指定 0 ～ 32767 的值。（s3）中可以指定 –32768 ～ 32767 的值。但是，指定了负值的情况下初始值为 0。希望复位计数器当前值（d1）的情况下，应直接复位（s1）。

图 2-52 所示是 COUNTER_FB_M 示例，图 2-53 所示为其时序图。

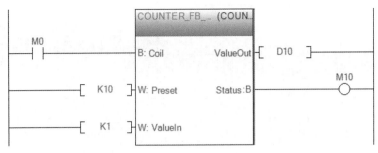

图 2-52　COUNTER_FB_M 示例

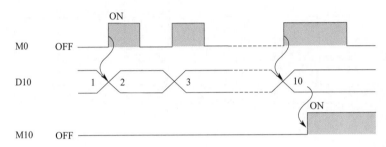

图 2-53　示例时序图

2.3.3　计数器函数应用实例

【案例 2-9】计数器控制彩灯闪烁

案例要求

利用计数器函数设计一个彩灯闪烁电路，要求实现以下功能：按下按钮，彩灯点亮 1s，熄灭 1s，依次循环；再次按下该按钮，则彩灯熄灭。

案例实施

步骤 1：输入输出定义与电气接线。

表 2-21 是计数器控制彩灯闪烁的输入 / 输出元件及其功能，图 2-54 是其电气接线。

表 2-21　输入 / 输出元件及其功能

说明	PLC 软元件	名称	控制功能
输入	X0	SB1/ 启停按钮	启动控制 / 停止控制
输出	Y0	HL1/ 指示灯	彩灯闪烁

步骤 2：梯形图编程。

本案例把计数器当作定时控制来使用，利用两个计数器的计数差值来控制继电器周期性得电，进而使彩灯也能够周期性点亮。

梯形图如图 2-55 所示，程序说明如下：

步 0：初次按下控制按钮 SB1 时，PLC 执行 ALT 指令，使 M0 线圈得电。当再次按下控制按钮 SB1 时，M0 为 OFF。

步 7：采用计数器函数 CTU_1，对 M0 和 SM410（即 0.1s 脉冲）进行计数，计数满 10

次时，计数器输出 M1，并用 M2 的上升沿进行复位。

步 45：采用计数器函数 CTU_2，对 M0 和 SM410（即 0.1s 脉冲）进行计数，计数满 20 次时，计数器输出 M2，并对自己进行复位。

步 83：将 M0 和 M1 关联输出 Y0。

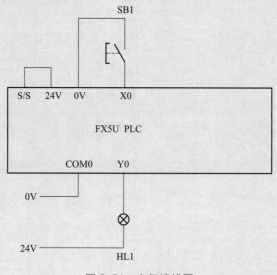

图 2-54　电气接线图

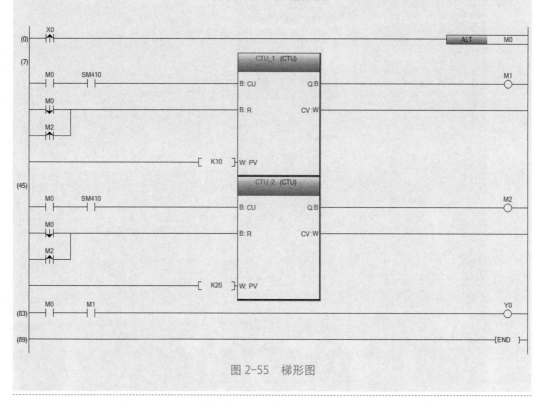

图 2-55　梯形图

59

第 **3** 章

FX5U PLC 与GOT触摸屏的通信与编程

触摸屏的主要功能就是取代传统的控制面板和显示仪表，在使用中都会安装于控制柜或者操作盘的面板上，与控制柜内的PLC等连接，进行开关操作、指示灯显示、数据显示、信息显示等功能。本章主要介绍用GT　Designer3进行触摸屏编程实现开关量控制、数字值的输入和输出以及进行联合仿真。

3.1　触摸屏入门

3.1.1　触摸屏的工作原理

传统的工业控制系统一般使用按钮和指示灯来操作和监视系统，但很难实现参数的现场设置和修改，也不方便对整个系统集中监控。触摸屏的主要功能就是取代传统的控制面板和显示仪表（如图 3-1 所示），通过控制单元（如 PLC）通信，实现人与控制系统的信息交换，更方便地实现对整个系统的操作和监视。

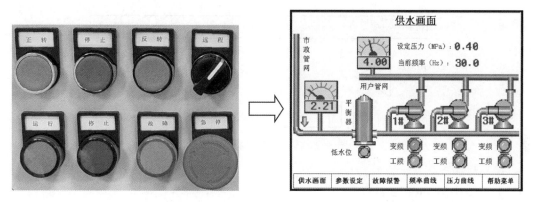

图 3-1　传统的按钮指示灯到触摸屏画面

按照触摸屏的工作原理和传输信息的介质，可以把触摸屏分为电阻式、红外线式、电容感应式以及表面声波式等多种类型。下面介绍最常见的 2 种工业用触摸屏，即电阻式触摸屏和电容式触摸屏。

（1）电阻式触摸屏

如图 3-2 所示，电阻式触摸屏的屏体部分最下面是一层玻璃或有机玻璃作为基层（即玻璃层），表面涂有一层透明导电层，上面再盖有一层外表面硬化处理、光滑防刮的薄膜层，薄膜层的内表面也涂有一导电层，在两层导电层之间有许多细小（小于千分之一英寸❶）的透明隔离点把它们隔开绝缘。当笔触或手指触摸屏幕的薄膜层时，两导电层出现一个接触点，使得该处电压发生改变，控制器检测到这个电压信号后，进行模数转换，并将得到的电压值与参考值相比，即可得出该笔触或手指触摸点的坐标。

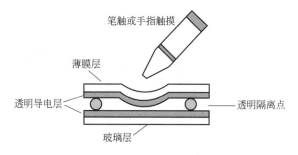

图 3-2　电阻式触摸屏的工作原理

---

❶　1 英寸 =25.4 毫米。

（2）电容式触摸屏

如图 3-3 所示，电容式触摸屏在触摸屏四边均匀镀上狭长的电极，在导电体内形成一个低电压交流电场，当用户手指触摸屏幕时，基于人体电场，手指与导体层间会形成一个耦合电容，驱动缓冲器的脉冲电流会流向触点，而电流强弱与手指到接收电极的距离成正比，位于触摸屏幕后的控制器便会根据收集电荷计算电流的比例及强弱，最后准确计算出触摸点的位置。

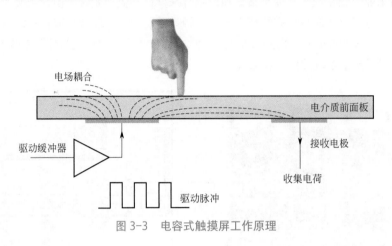

图 3-3　电容式触摸屏工作原理

3.1.2　触摸屏的使用方法

触摸屏的使用方法如图 3-4 所示，一般包括以下步骤：

① 明确监控任务要求，选择适合的触摸屏产品，包括屏幕尺寸、触摸类型、通信接口等；

② 在 PC 机上用触摸屏组态软件编辑"工程文件"；

③ 测试并保存已编辑好的"工程文件"；

④ PC 机通过 RS232、USB、Ethernet 等方式连接触摸屏硬件，下载"工程文件"到触摸屏中；

⑤ 以 Fieldbus、MPI、Ethernet 等方式将触摸屏和工业控制器（如 PLC、仪表、变频器、伺服等）进行连接，实现人机交互。

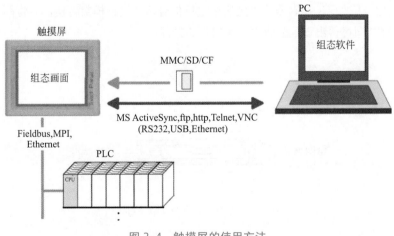

图 3-4　触摸屏的使用方法

触摸屏通常能提供多种PLC等硬件设备的驱动程序，能与绝大多数PLC进行通信，实现PLC的在线实时控制和显示。有些触摸屏可以提供多个通信口，且可以同时使用，可以和任何开放协议的设备进行通信，比如采用Modbus总线协议。基于触摸屏丰富灵活的组网功能，可以接入现场总线和InterNet网络，使用户设备的成本降到最低，实现对整个车间、不同设备的集中监控。

如图3-5所示，触摸屏在使用中都会安装于控制柜或者操作盘的面板上，与控制柜内的PLC等连接，进行开关操作、指示灯显示、数据显示、信息显示等功能。

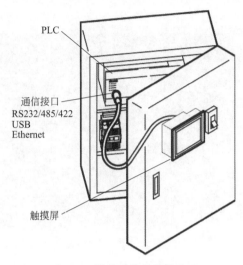

图 3-5　触摸屏的安装与使用

3.2　用GT Designer3进行触摸屏编程

3.2.1　三菱触摸屏组态软件GT Designer3

三菱的触摸屏组态软件套装为GT Works3，它包含了GOT系列触摸屏的组态软件GT Designer3（GOT2000），安装完成后的图标为　　　。

GT Designer3的画面结构如图3-6所示。它包括如下8个部分。

① 标题栏。显示软件名，根据编辑中的工程的保存格式，会显示工程名（工作区格式）或带完整路径的文件名（单文件格式）。

② 菜单栏。可以通过下拉菜单操作GT Designer3。

③ 工具栏。可通过按钮等操作GT Designer3。

④ 折叠窗口。可折叠于GT Designer3窗口上的窗口，其种类具体如表3-1所示。

⑤ 编辑器页。显示工作窗口中显示的画面编辑器或窗口的页。

⑥ 工作窗口。会显示画面编辑器、[环境设置]窗口、[GOT设置]窗口等。

⑦ 画面编辑器。配置图形、对象，创建要在GOT中显示的画面。

⑧ 状态栏。根据鼠标光标的位置、图形、对象的选择状态，会显示如下内容：

a. 鼠标光标所指项目的说明；

b. 正在编辑的工程的 GOT 机种、颜色设置、连接机器的设置（机种）；

c. 所选图形、对象的坐标。

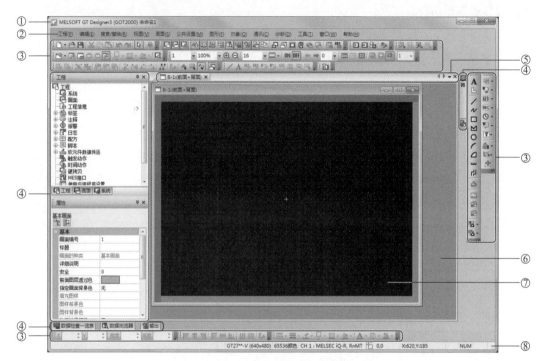

图 3-6　GT Designer3 的画面结构

表 3-1　折叠窗口种类

项目	内容
[引用创建（画面）] 窗口	搜索可从其他工程引用的画面
[工程] 窗口	显示全工程设置的一览表
[系统] 窗口	显示 GOT 的机种设置、环境设置、连接机器等设置的一览表
[画面] 窗口	显示创建的基本画面、窗口画面、报表画面、移动画面的一览表 可新建或编辑基本画面、窗口画面、报表画面、移动画面
[属性] 窗口	显示所选画面、图形、对象设置的一览表 可在不打开图形或对象等的设置对话框的状态下，编辑设置
[库] 窗口	显示库中已登录的图形、对象的一览表 可以对图形、对象进行引用、新建、编辑
[软元件搜索] 窗口	搜索工程内设置的特定的软元件、标签
[数据浏览器] 窗口	显示工程内设置的一览表 可以对图形、对象等的设置进行搜索、更改
[数据检查一览表] 窗口	显示数据检查结果的一览表
[输出] 窗口	因 GOT 类型更改等导致转换工程时，显示更改记录的一览表
[连接机器类型一览表] 窗口	显示各通道设置内容的一览表
[画面图像一览表] 窗口	显示基本画面、窗口画面、移动画面图像的一览表 可新建或编辑基本画面、窗口画面、移动画面
[分类一览表] 窗口	显示分类以及各分类的图形、对象的一览表 可对分类进行编辑或对各分类的软元件等的设置进行批量更改
[部件图像一览表] 窗口	显示已登录部件图像的一览表 可新建或编辑部件
[IP 地址一览表] 窗口	显示项目内登录的 IP 地址一览表

3.2.2　三菱触摸屏GS2107-WTBD及程序下载

三菱触摸屏有 GOT1000、GOT2000 和 GS 系列等不同种类，这里主要介绍的是比较常见的 GS 系列触摸屏，包括 GS2107-WTBD、GS2110-WTBD 等，其型号的含义如图 3-7 所示，型号规格如表 3-2 所示。

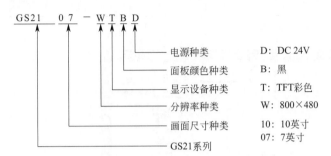

图 3-7　GS 触摸屏型号的含义

表 3-2　GS 系列触摸屏的型号规格

型号	规格
GS2110-WTBD	10 英寸 [800 点 ×480 点]、TFT 彩色液晶、65536 色 DC 24V、9MB、内置 Ethernet 接口
GS2107-WTBD	7 英寸 [800 点 ×480 点]、TFT 彩色液晶、65536 色 DC 24V、9MB、内置 Ethernet 接口

图 3-8 所示是 GS 触摸屏的正面，其中：

① 显示部分显示应用程序画面及用户创建画面；

② 触摸面板用于操作应用程序画面及用户创建画面内的触摸开关。

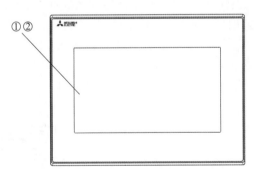

图 3-8　GS 触摸屏的正面

图 3-9 所示是 GS 触摸屏的背面，它包括 10 部分的内容，其名称和规格如表 3-3 所示。

表 3-3　GS 触摸屏背面部分的名称与规格

序号	名称	规格
①	RS 232 接口	用于与连接设备（可编程控制器、微型计算机、条形码阅读器、RFID 等）连接，或者计算机连接（OS 安装、工程数据下载、FA 透明功能）（D-Sub 9 针　公）
②	RS 422 接口	用于与连接设备（可编程控制器、微型计算机等）连接（D-Sub 9 针　母）
③	以太网接口	用于与连接设备（可编程控制器、微型计算机等）的以太网连接（RJ-45 连接器）
④	USB 接口	数据传送、保存用 USB 接口（主站）
⑤	USB 电缆脱落防止孔	可用捆扎带等在该孔进行固定，以防止 USB 电缆脱落

序号	名称	规格
⑥	额定铭牌（铭牌）	记载型号、消耗电流、生产编号、H/W 版本、Boot OS 版本
⑦	SD 卡接口	用于将 SD 卡安装到 GOT 的接口
⑧	SD 卡存取 LED	点亮：正在存取 SD 卡　熄灭：未存取 SD 卡时
⑨	电源端子	电源端子、FG 端子用于向 GOT 供应电源（DC 24V）及连接地线
⑩	以太网通信状态 LED	SD RD：收发数据时绿灯点亮　100M：100Mbps 传送时绿灯点亮

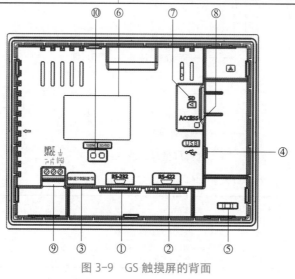

图 3-9　GS 触摸屏的背面

【案例 3-1】在 GS 触摸屏画面中创建 2 个页面并切换

案例要求

在 GS2107-WTBD 触摸屏中创建 2 个页面，分别命名为"主画面""分画面"，并能通过所在页面的按钮进行页面切换。

案例实施

步骤 1：PLC、触摸屏和 PC 之间的网络连线。

如图 3-10 所示，用路由器或交换机将 PLC、触摸屏和装有 GT Designer3 的 PC 连接到同一个网络中。

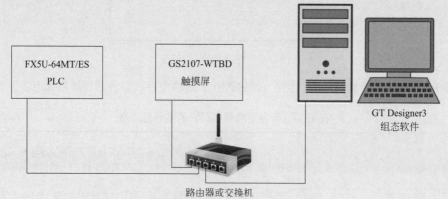

图 3-10　触摸屏、PLC 和 PC 的联网

步骤 2：GT Designer3 向导的使用。

点击"工程选择"对话框的"新建"按钮，就会弹出如图 3-11 所示的"新建工程向导"。

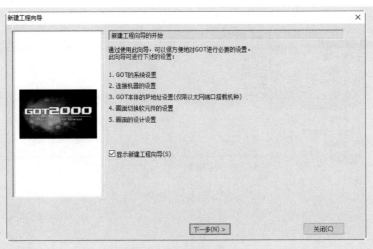

图 3-11　新建工程向导

点击"下一步"，弹出图3-12所示的"系统设置"窗口。在"系列"中有三种系列可以选择，分别是GOT2000、GS系列和GOT1000，这里选择GS系列。并在图3-13所示的"机种"中选择"GS21**-W（800×480）"，"对应型号"中选择"GS2107-WTBD"。图3-14所示为GOT系统设置的确认。

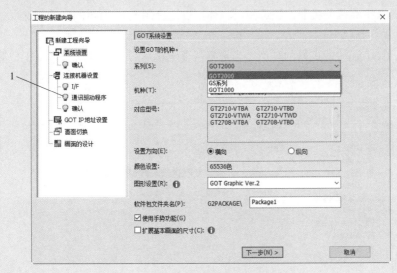

图 3-12　系统设置

1—"通讯"同"通信"

系列(S):	GS系列
机种(T):	GS21**-W (800x480)
对应型号:	GS2110-WTBD　GS2107-WTBD
设置方向(E):	●横向　○纵向

图 3-13　选择 GS2107-WTBD

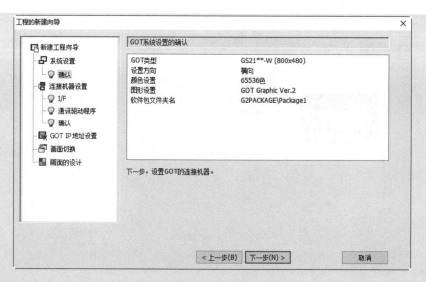

图 3-14　GOT 系统设置的确认

步骤 3：连接机器的设置。

在图 3-15 中需要设置连接机器，比如：

①[制造商]

选择与 GOT 连接的机器的制造商，具体可以选择图 3-16 所示的品牌制造商。

②[机种]

选择与 GOT 连接的机器的种类，当选择三菱电机后，具体可以选择图 3-17 所示的 PLC 机种。

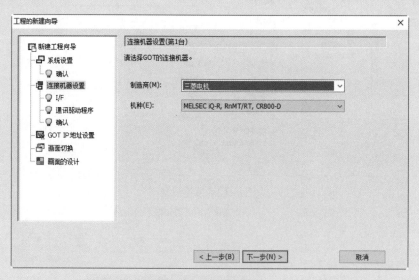

图 3-15　连接机器设置

确定好 PLC 等机种后，就要选择相应的 I/F 选项（图 3-18）和通信驱动程序（图 3-19）。图 3-20 所示是完成后的详细设置。图 3-21 是连接机器设置的确认（第 1 台）。

步骤 4：GOT IP 地址设置。

如图 3-22 所示将 GOP IP 地址设置好。

制造商(M):　三菱电机

三菱电机
IAI
阿自倍尔
欧姆龙
KEYENCE
芝浦机械
Panasonic
富士电机
安川电机
AB
LS产电
Mitsubishi Electric India
SICK
SIEMENS
CLPA
MODBUS
其他
周边机器

图 3-16　制造商选择

机种(E):　MELSEC iQ-R, RnMT/RT, CR800-D

MELSEC iQ-R, RnMT/RT, CR800-D
MELSEC iQ-L
MELSEC iQ-F
MELSEC-Q, Q17nD/M/DR/DSR, CRnD-700
MELSEC-QnA
MELSEC-L
MELSEC-A
MELSEC-FX
MELSEC-WS
MELIPC
MELSERVO-J2M-P8A
MELSERVO-J2M-*DU
MELSERVO-J2S-*A
MELSERVO-J2S-*CP
MELSERVO-J2S-*CL
MELSERVO-J3-*A
MELSERVO-J3-*T
MELSERVO-J4-*A, -JE-*A
MELSERVO-J4-*A-RJ
MELSERVO-JE-*C
FREQROL 500/700/800系列, 无传感器伺服
FREQROL 800
FREQROL 800/E700NE(批量监视对应)

图 3-17　机种选择

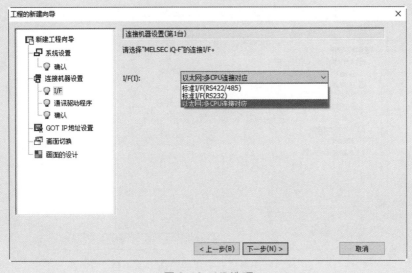

图 3-18　I/F 选项

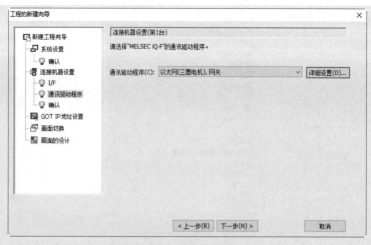

图 3-19　通信驱动程序

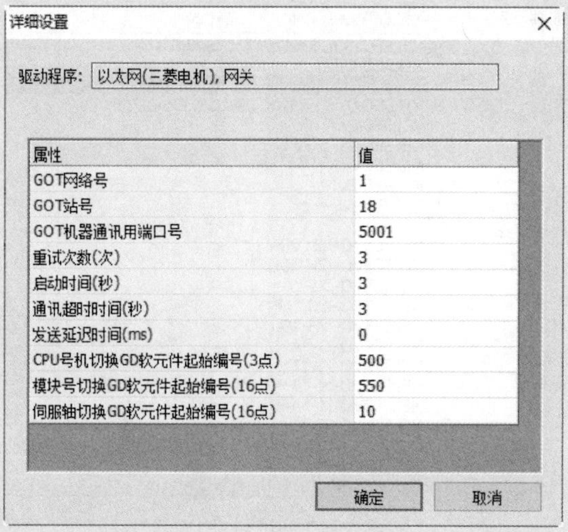

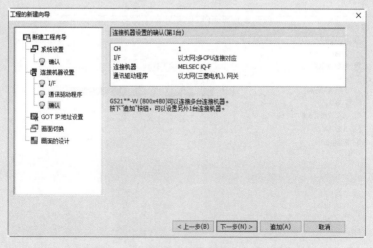

图 3-20　详细设置

图 3-21　连接机器设置的确认（第 1 台）

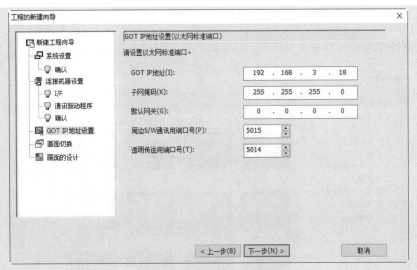

图 3-22　GOT IP 地址设置

步骤 5：画面切换。

图 3-23 所示是画面切换软元件的设置，图 3-24 是 GD 软元件的设置。

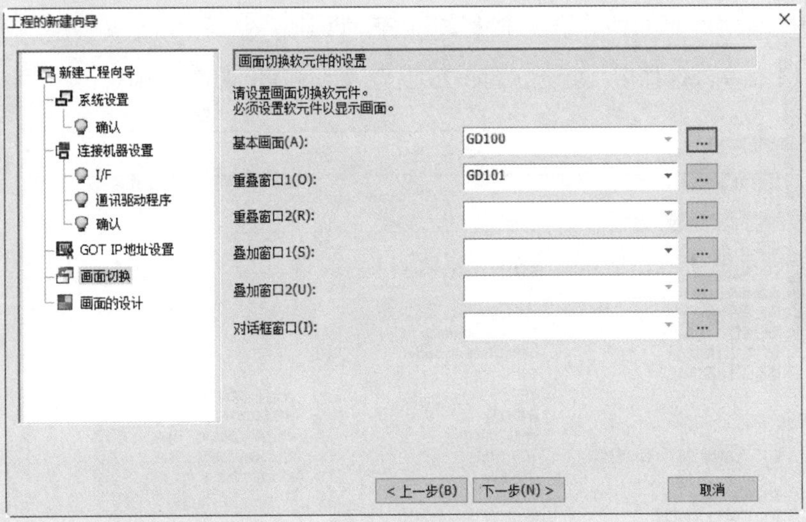

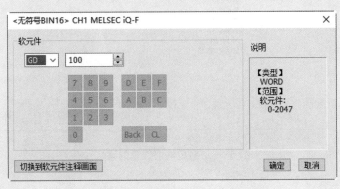

图 3-23　画面切换软元件的设置

图 3-24　GD 软元件的设置

步骤6：画面的设计。

如图 3-25 所示可以设置标准画面，这里选择带有绿色背景的标准画面。

图 3-25　画面的设计

所有以上信息经选择后，就会在图 3-26 上显示系统环境设置的确认。

图 3-26　系统环境设置的确认

步骤7：画面组态。

图 3-27 所示是触摸屏主画面 B-1。本案例需要建立 2 个画面，因此需要点击左侧的"工程"→"画面"，并在图 3-28 所示的"画面窗口"中新建基本画面 2，并弹出图 3-29 所示的"画面的属性"，完成后就是 B-2 分画面。

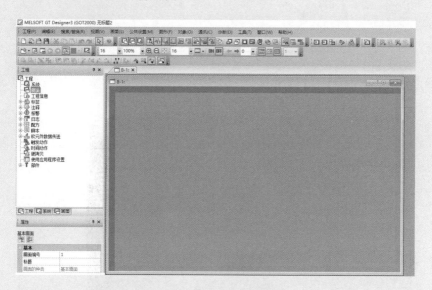

图 3-27 触摸屏主画面 B-1

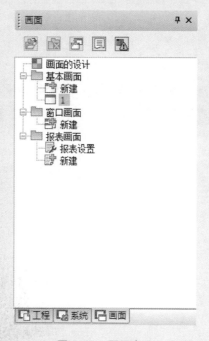

图 3-28 画面窗口

对于 B-1 主画面，从工具箱中选择 **A**，输入文字"主画面"；同时添加"对象"→"开关"→"画面切换开关"（图 3-30），完成后的主画面如图 3-31 所示。双击该切换开关，进行如图 3-32 所示的画面切换开关的基本设置，即对要跳转的画面进行选择（图 3-33）。

73

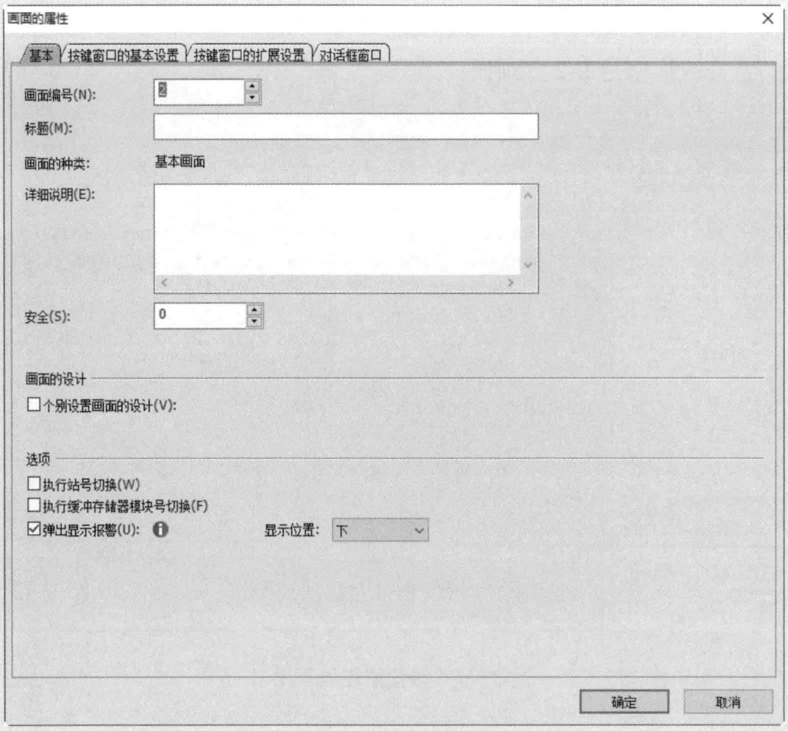

图 3-29　画面的属性

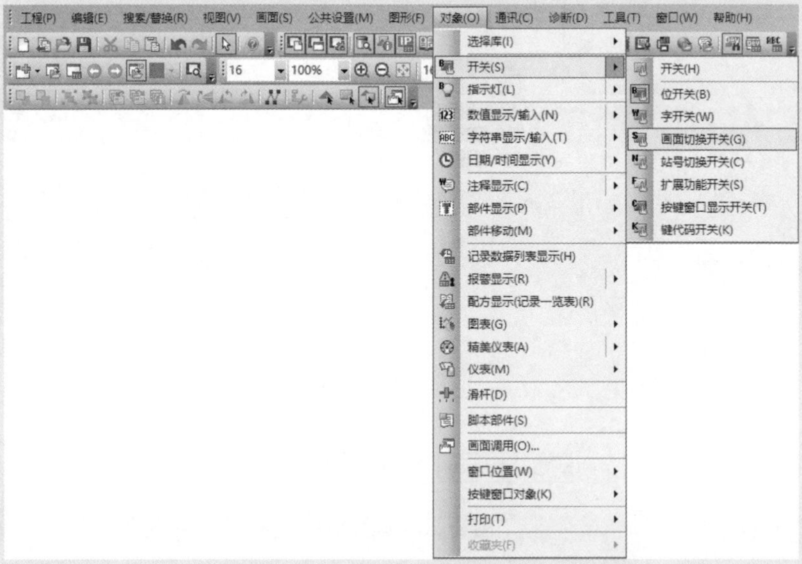

图 3-30　画面切换开关

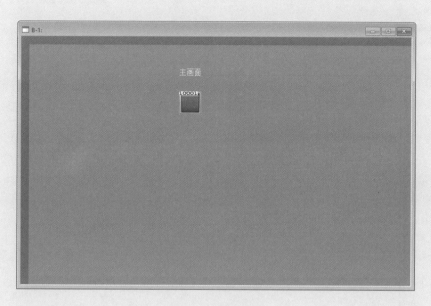

图 3-31 主画面

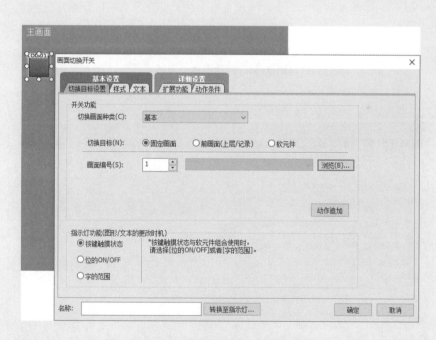

图 3-32 画面切换开关的基本设置

图 3-34 所示的分画面的"画面切换开关"也按此步骤进行设置。

步骤 8：通过 USB 线下载数据到触摸屏。

三菱触摸屏采用通用的 USB mini 口，如图 3-35 所示用 USB 连接线连接 PC 和触摸屏后，触摸屏上电后，会自动安装驱动，直至识别该端口（图 3-36），即"MITSUBISHI GOT2000 USB Controller"。

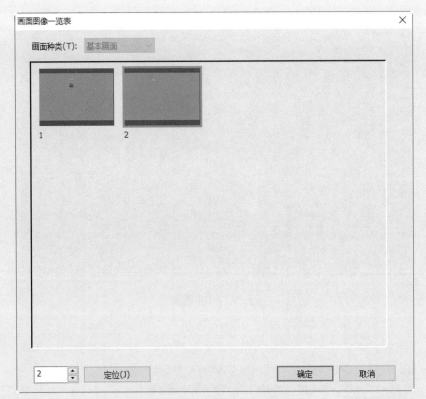

图 3-33 画面图像一览表

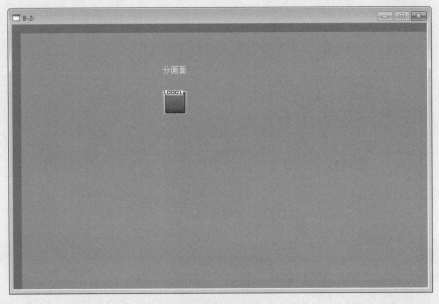

图 3-34 分画面

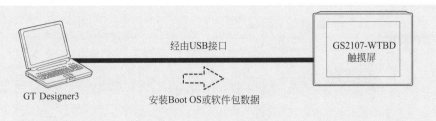

图 3-35　USB 接口连接

图 3-36　自动识别并安装成功的驱动

　　USB 线连接成功后，按图 3-37 所示的菜单，选择"通信"→"写入到 GOT（W）"后会弹出图 3-38 所示的通信设置菜单。在计算机侧 I/F 选项中，选择"USB"，并进行"通信测试"，如图 3-39 所示为连接成功提示，即可点击"确定"进入图 3-40 所示的"与 GOT 的通信"窗口，按缺省设置进行"GOT 写入"。

图 3-37　GT Designer3 通信菜单

　　图 3-41 所示为实际触摸屏接收 PC 传送的触摸屏"软件包数据"时的情形，此时不能断电。

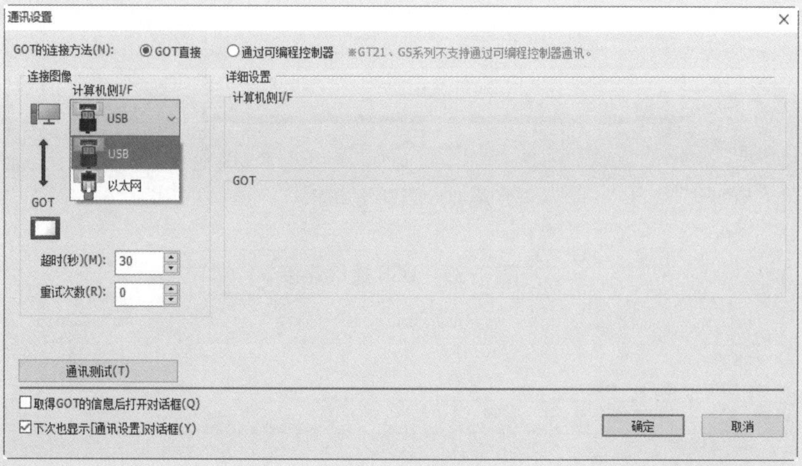

图 3-38　通信设置

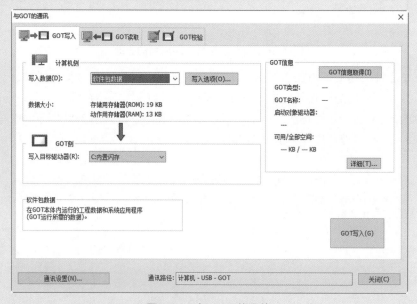

图 3-39　连接成功提示

图 3-40　与 GOT 的通信

　　触摸屏写入"软件包数据"时会进行程序覆盖提示，如图 3-42 和图 3-43 所示。正在通信时，出现相关提示，如图 3-44 和图 3-45 所示。传送完毕后，即出现图 3-46 所示的传送结束提示。

图 3-41 触摸屏显示 "数据传送"

图 3-42 程序覆盖提示 (一)

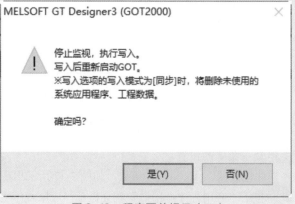

图 3-43 程序覆盖提示 (二)

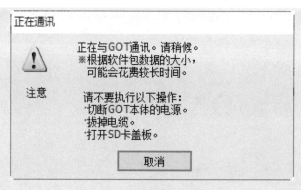

图 3-44　正在通信提示（一）

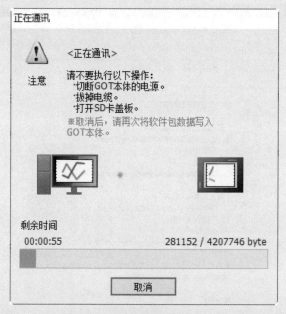

图 3-45　正在通信提示（二）

图 3-46　传送结束提示

步骤 9：触摸屏上电及主菜单的设置。

当触摸屏接收到"软件包数据"后，将自动重启，如图 3-47 所示出现 GOT Simple（Graphic Operation Terminal）。此时按下"应用程序调用键"就会显示"应用程序主菜单"（图 3-48）。

图 3-47　触摸屏重启画面

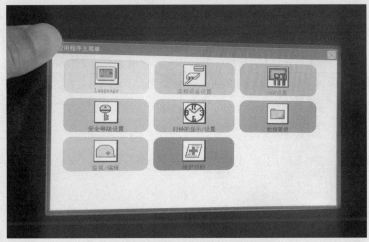

图 3-48　按下"应用程序调用键"

应用程序调用键的位置在 GOT 的画面左上角，如图 3-49 所示，分横向显示时和纵向显示时两种。该键的按压时间可以在主菜单进入后在"GOT 设置"中进行设置。

横向显示时 纵向显示时

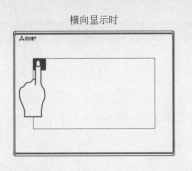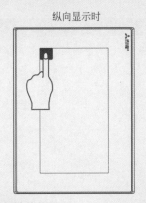

图 3-49　应用程序调用键的位置

触摸屏要与连接设备进行通信时，必须首先设置"连接设备设置"选项，如图 3-50 所示是该选项的窗口，包括标准 I/F 的设置、GOT IP 地址、以太网设置、通信监测、以太网状

态检查、透明模式的设置和以太网打印机。本案例采用标准 I/F-4（以太网），设置如图 3-51
所示；为了确保通信，PLC 和触摸屏的 IP 地址必须在一个频道上，且不能相同，设置如图
3-52 所示；最终的以太网设置情况如图 3-53 所示。

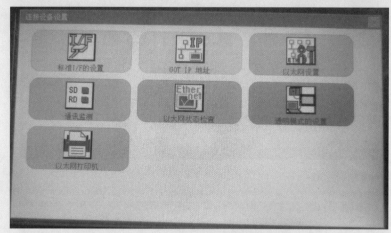

图 3-50　连接设备设置

图 3-51　标准 I/F-4（以太网）

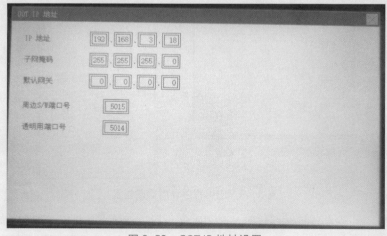

图 3-52　GOT IP 地址设置

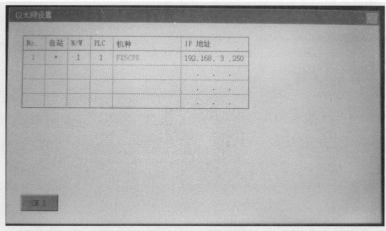

图 3-53　以太网设置

　　完成以上设置后，即可按▨后退出，进入图 3-54 所示的主画面，进行画面切换，进入图 3-55 所示的分画面。

图 3-54　主画面

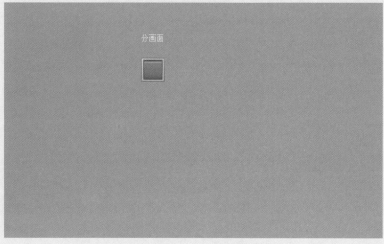

图 3-55　分画面

83

除了通过 USB 通信线下载触摸屏程序外，还可以通过网线下载，具体设置如图 3-56 所示，剩余的步骤跟 USB 通信线下载相类似，不再赘述。

图 3-56　以太网下载的通信设置

【案例 3-2】星三角电动机启动控制

案例要求

某电动机采用星三角启动，主电路如图 3-57 所示，控制回路采用 FX5U-64MT/ES 进行控制，同时需要采用三菱触摸屏 GS2107-WTBD 进行启动停止按钮控制，并在触摸屏上设置 0.999 ～ 9.999s 之间的星形转三角形切换时间。

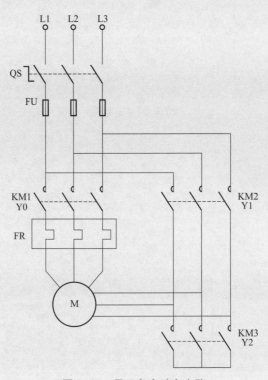

图 3-57　星三角启动主电路

案例实施

步骤1：输入输出定义与电气接线。

表3-4所示是星三角电动机启动控制的输入/输出元件及其功能，其电气接线如图3-58所示。

表3-4　输入/输出元件及其功能

说明	PLC 软元件	名称	控制功能
输出	Y0	KM1/电源接触器	电动机主电源
	Y1	KM2/三角形接触器	三角形启动
	Y2	KM3/星形接触器	星形启动
触摸屏变量	M0	HMI 启动按钮	HMI 按钮
	M1	HMI 停止按钮	HMI 按钮
	D0	HMI 切换时间	星形接触器到三角形接触器切换时间，可以设置，单位 ms

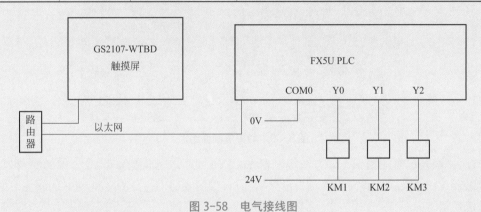

图 3-58　电气接线图

步骤2：梯形图编程。

根据案例要求，编写梯形图如图3-59所示，程序说明如下：

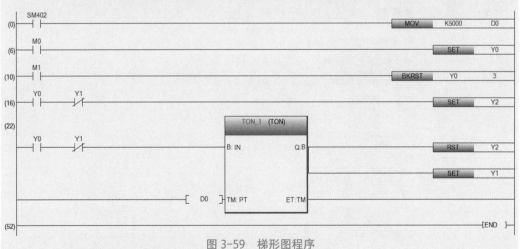

图 3-59　梯形图程序

步0：初始化脉冲将 HMI 切换时间设置为 D0=5000ms。

步6：触摸屏按下 HMI 启动按钮 M0，置位电源接触器 KM1（Y0）。

步10：触摸屏按下 HMI 停止按钮 M1，批量复位所有接触器（Y0～Y2）。

步16：在开始阶段先置位星形接触器 KM3（Y2）。

步 22：调用 TON 定时器函数，对开始阶段（即 KM1 闭合、KM2 断开）进行 D0 定时，定时时间到了后，复位 Y2 并置位 Y1，即从星形接触器闭合转到三角形接触器闭合。

步骤 3：触摸屏组态。

图 3-60 所示为星三角电动机启动控制的画面组态，具体包括：

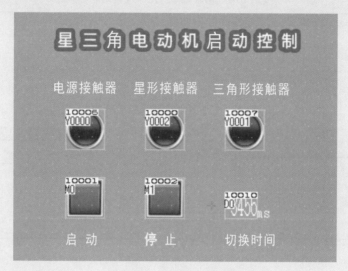

图 3-60　触摸屏画面组态

① 接触器信号的指示，即电源接触器 Y0（Y0000）、星形接触器 Y2（Y0002）和三角形接触器 Y1（Y0001）设置为"位指示灯"，具体如图 3-61 所示，ON 和 OFF 的颜色根据实际情况设置。

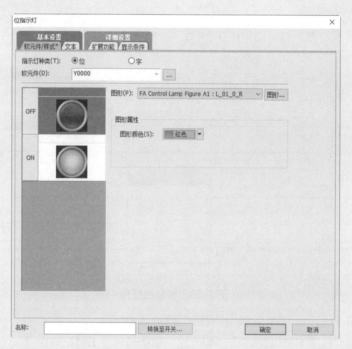

图 3-61　位指示灯

② 启动和停止按钮，即 M0 和 M1 设置为点动按钮，具体如图 3-62 所示。

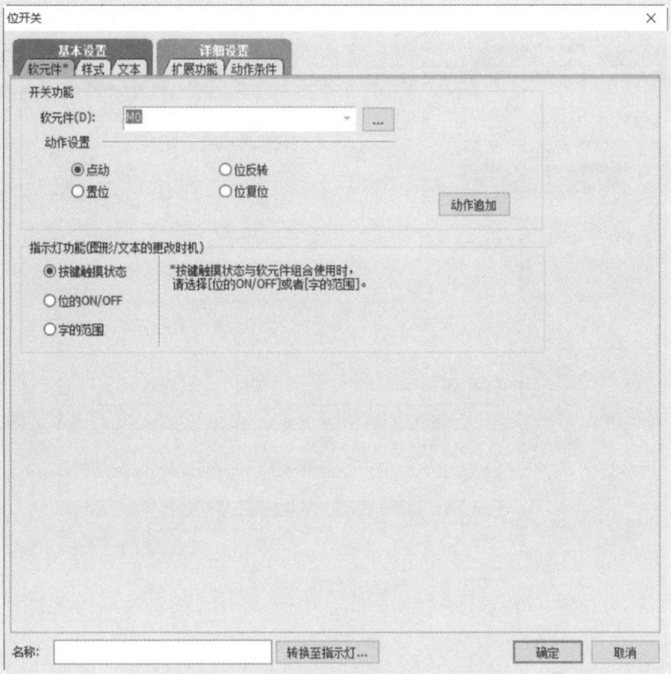

图 3-62　点动按钮的位开关设置

③ 切换时间，即 D0，设置为 4 位数据，输入的区间范围为 999 ～ 9999，具体如图 3-63、图 3-64 所示。

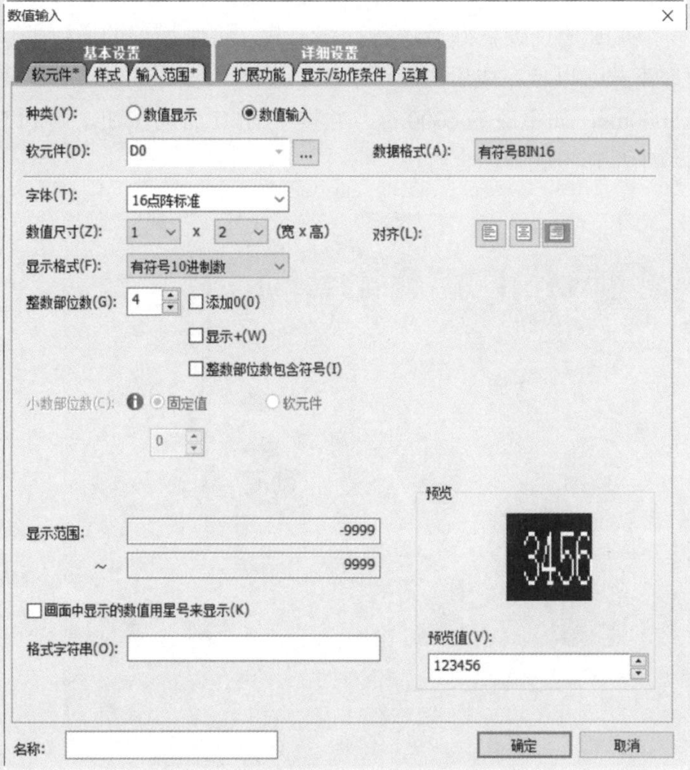

图 3-63　D0 的基本设置

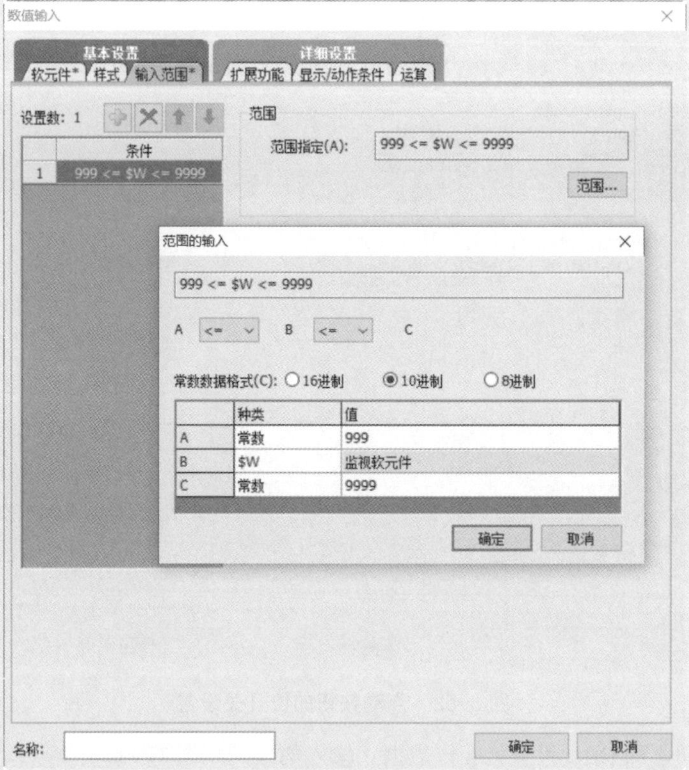

数值输入

基本设置 | 详细设置
软元件* | 样式 | 输入范围* | 扩展功能 | 显示/动作条件 | 运算

设置数: 1

	条件
1	999 <= $W <= 9999

范围

范围指定(A): 999 <= $W <= 9999

范围...

范围的输入

999 <= $W <= 9999

A [<= ∨]   B [<= ∨]   C

常数数据格式(C): ○16进制 ●10进制 ○8进制

	种类	值
A	常数	999
B	$W	监视软元件
C	常数	9999

确定   取消

名称: [_____]   确定   取消

图 3-64　D0 的输入范围

步骤 4：程序下载后调试。

将 PLC 的程序和 IP 地址设置好后进行程序下载，将触摸屏的通信端口和 IP 地址设置好后进行组态程序下载，以上完成后，就可以进行通信，触摸屏的运行界面如图 3-65 所示。其中 D0 缺省为 5000ms，如更改为 6000ms，并按下 HMI 启动按钮，则 PLC 监控数据如图 3-66 所示。此时位于星形接触器闭合阶段。

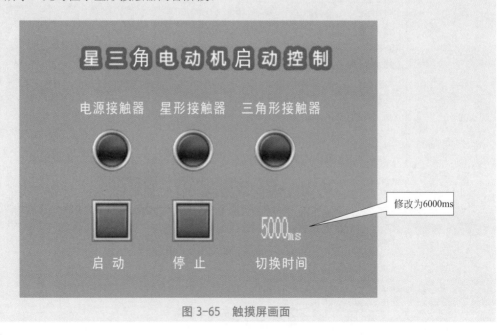

图 3-65　触摸屏画面

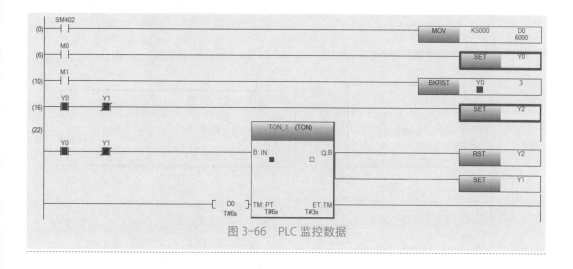

图 3-66 PLC 监控数据

3.3 三菱触摸屏与PLC的联合仿真

3.3.1 电动机控制仿真实例

【案例 3-3】触摸屏和现场按钮两地控制电动机启停

案例要求

某电动机要求能在现场进行按钮启动和按钮停止控制，也能通过触摸屏进行启停控制。

案例实施

步骤 1：输入输出定义与电气接线。

表 3-5 所示为两地控制的输入 / 输出元件及其功能，图 3-67 所示为其电气接线。

表 3-5　输入 / 输出元件及其功能

说明	PLC 软元件	名称	控制功能
输入	X0	SB1	启动按钮
	X1	SB2	停止按钮
输出	Y0	KM1	电动机接触器
触摸屏变量	M0	—	HMI 启动按钮
	M1	—	HMI 停止按钮

步骤 2：PLC 梯形图的编程。

PLC 梯形图如图 3-68 所示，其程序相对简单，采用 SET 和 RST 指令进行控制。

步骤 3：触摸屏的画面组态。

图 3-69 所示为两地控制的触摸屏组态，它包括运行灯 Y0（Y0000）和两个按钮 M0、M1。

步骤 4：PLC 触摸屏联合仿真。

首先是 PLC 仿真，即点击 GX Works3 的系统模拟启动图标或者选择菜单"调试"→"模拟"→"模拟开始"，如图 3-70 所示为仿真菜单，如图 3-71 所示为仿真时的程序写入。

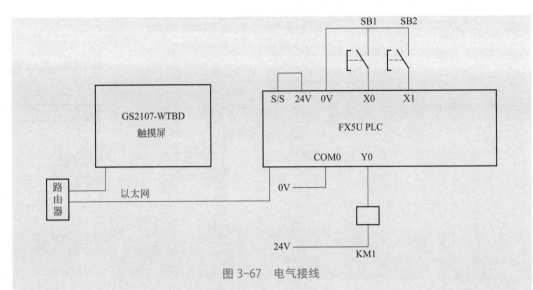

图 3-67 电气接线

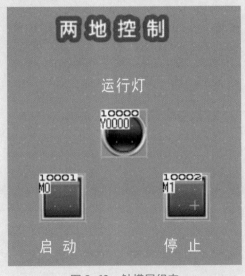

图 3-68 PLC 梯形图

图 3-69 触摸屏组态

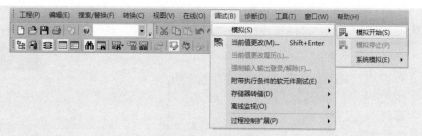

图 3-70　PLC 仿真菜单

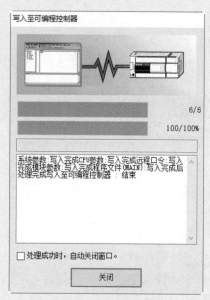

图 3-71　仿真时的程序写入

完成仿真时的程序写入之后，就会出现 GX Simulator3 仿真器，如图 3-72 所示。

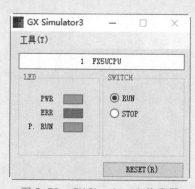

图 3-72　GX Simulator3 仿真器

在图 3-73 所示的画面中，可以对要修改的变量值，按右键调用"调试"→"当前值更改"来进行程序调试。

接下来是触摸屏仿真，它可以通过 图标或菜单"工具"→"模拟器"→"启动"来进行调用仿真器 GT Simulator3，如图 3-74 所示。

图 3-75 所示是触摸屏仿真画面，此时可以进行"启动"或"停止"按钮操作，跟实际触摸屏的动作极其接近。

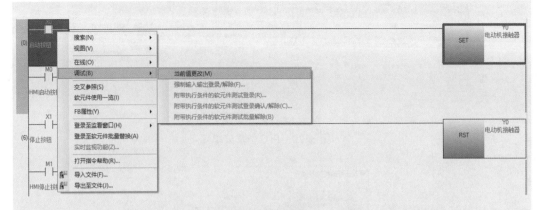

图 3-73　PLC 仿真时的变量当前值更改

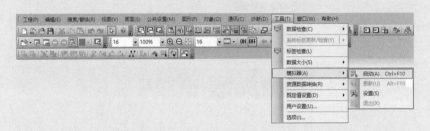

图 3-74　触摸屏仿真菜单

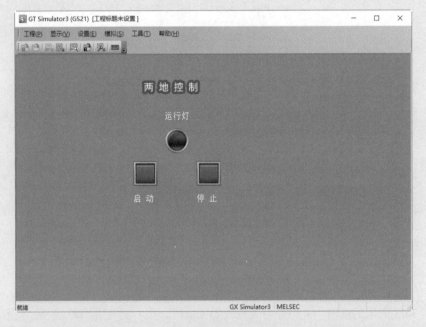

图 3-75　触摸屏仿真画面

　　PLC 仿真和触摸屏仿真同时进行，这种方式称之为"PLC 触摸屏联合仿真"。如果在触摸屏仿真过程中出现问题（图 3-76），可以查看 GT Simulator3 选项（图 3-77），确保通信设置正确（图 3-78）。

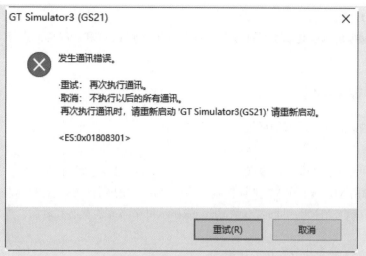

图 3-76 发生通信错误

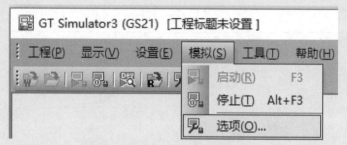

图 3-77 GT Simulator3 选项

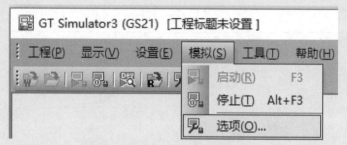

图 3-78 通信设置

步骤 5：现场调试。

经 PLC 触摸屏联合仿真测试成功的程序分别下载到 PLC 和触摸屏后进行现场调试。

3.3.2　步序控制实例

【案例 3-4】触摸屏和现场按钮两地控制电动机启停

案例要求

某生产中共有三个步序，步序一持续时间 5s、步序二持续时间 8s、步序三持续时间 4s，分别由三个输出 Y0、Y1 和 Y2 进行控制。该步序由触摸屏的按钮进行启停控制，当三个步序时间完成后，自动停止；同时在触摸屏上能显示每个步序的状态和时间。

案例实施

步骤 1：输入输出定义与电气接线。

表 3-6 所示为两地控制的输入 / 输出元件及其功能，其电气接线跟【案例 3-2】一样。

表 3-6　输入 / 输出元件及其功能

说明	PLC 软元件	名称	控制功能
输出	Y0	KM1	步序一通电
	Y1	KM2	步序二通电
	Y2	KM3	步序三通电
触摸屏变量	M0	—	HMI 启动按钮
	M1	—	HMI 停止按钮
	D0	—	步序一通电时间
	D1	—	步序二通电时间
	D2	—	步序三通电时间

步骤 2：PLC 梯形图的编程。

图 3-79 所示为 PLC 梯形图程序，程序说明如下：

步 0—4：触摸屏 M0 和 M1 按钮置位和复位步序运行继电器 M2；

步 8：当 M2 为 ON 的时候，置位步序一中间变量 M3；

步 14：当 M2 为 OFF 的时候，复位步序一、步序二和步序三的中间变量 M3、M4 和 M5；

步 22：当 M3 为 ON 的时候，TON_1 开始定时，其时间为 D0，定时时间到后置位步序二中间变量 M4，同时复位步序一中间变量 M3；

步 57—92：跟步 22 类似，分别定时步序二定时器 TON_2 和步序三定时器 TON_3，当步序三定时结束后，复位 M2；

步 127—135：三个步序中间变量与输出关联。

步骤 3：触摸屏画面组态。

图 3-80 所示为触摸屏的画面组态，包括 Y0 ~ Y2（图中为 Y0000 ~ Y0002）的位指示灯显示、D0 ~ D2 的时间实时显示、M0 和 M1 的位开关按钮。其中 D0 等时间显示，需要进行相关数值显示设置，具体如图 3-81 所示。

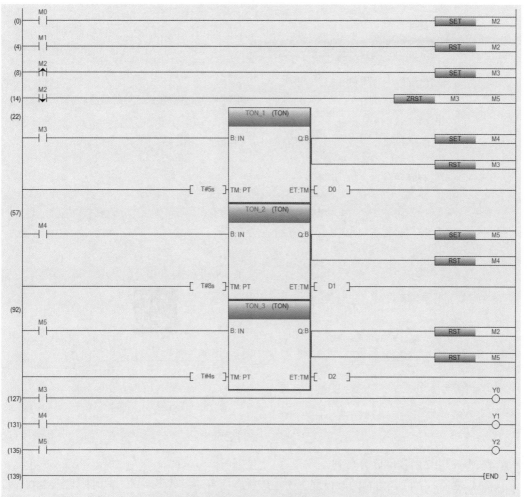

图 3-79 梯形图

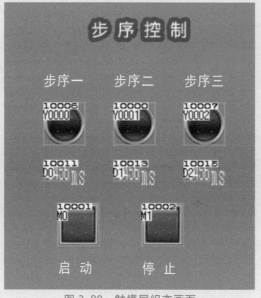

图 3-80 触摸屏组态画面

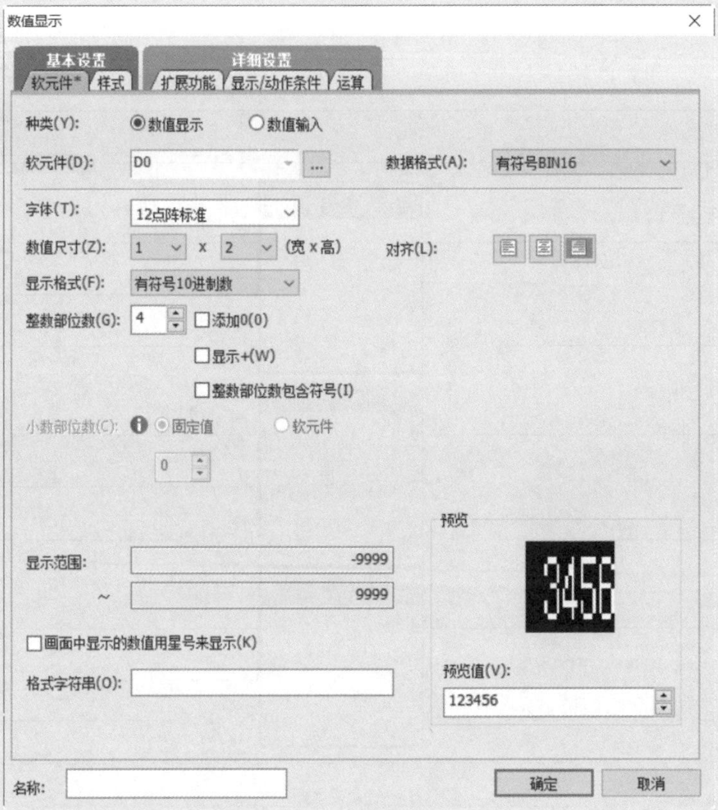

数值显示
基本设置
软元件*
样式
详细设置
扩展功能
显示/动作条件
运算
种类(Y):
数值显示
数值输入
软元件(D):
D0
数据格式(A):
有符号BIN16
字体(T):
12点阵标准
数值尺寸(Z):
1
x
2
(宽 x 高)
对齐(L):
显示格式(F):
有符号10进制数
整数部位数(G):
4
添加0(0)
显示+(W)
整数部位数包含符号(I)
小数部位数(C):
固定值
软元件
0
预览
3456
显示范围:
-9999
~
9999
画面中显示的数值用星号来显示(K)
格式字符串(O):
预览值(V):
123456
名称:
确定
取消

图 3-81　数值显示

步骤 4：PLC 触摸屏联合仿真。

图 3-82 所示为联合仿真的触摸屏画面，该状态后启动后处于步序一的时间显示 2400ms。

步序控制
步序一
步序二
步序三
2400ms
0ms
0ms
启 动
停 止

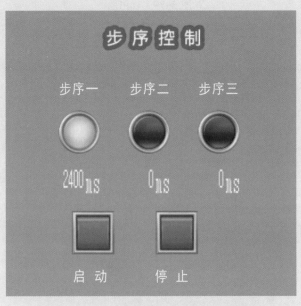

图 3-82　联合仿真的触摸屏画面

第 **4** 章

FX5U PLC
的指令系统

逻辑与指令是当两个操作数的对应位都为"1"时，逻辑与操作结果中该位才为"1"，该指令常用于屏蔽或检测数据字中的某些位。正是有了这些复杂的运算指令，PLC才能处理非常复杂的逻辑量、模拟量等。在流程控制中，FX5U PLC也支持步进STL指令，按照先驱动、再转移的方式进行编程，极大方便了具有选择分支和并行分支的程序。除此之外，跳转指令、循环指令和子程序调用将复杂程序变得更加简洁易懂，方便进行移植。

4.1 基本数据指令

4.1.1 算术运算

算术运算是指相关数据的加、减、乘、除、加 1、减 1 等指令，涉及无符号 BIN16 位数、有符号 BIN16 位数、无符号 BIN32 位数、有符号 BIN32 位数、BCD4 位数和 BCD8 位数。

（1）加法运算

1）BIN16 位加法运算

BIN16 位加法运算有 +（P）（_U）指令与 ADD（P）（_U）指令。这里的后缀（P）表示上升沿动作，后缀 _U 表示无符号。加法运算分为 2 个操作数和 3 个操作数两种。

2 个操作数的加法为─┤[____] | (s) | (d)├─，其中[____]为 +（P）、+（P）_U。图 4-1 所示的加法运算是将（d）中指定的 BIN16 位数据与（s）中指定的 BIN16 位数据进行加法运算，并将结果存储到（d）中指定的软元件中。

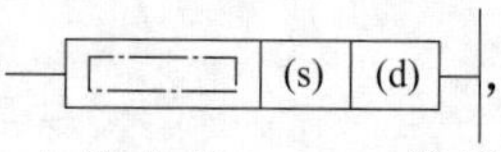

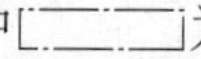

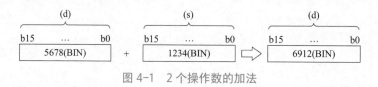

图 4-1　2 个操作数的加法

3 个操作数的加法为─┤[____] | (s1) | (s2) | (d)├─，其中[____]为 +（P）、+（P）_U。将（s1）中指定的 BIN16 位数据与（s2）中指定的 BIN16 位数据进行加法运算，并将结果存储到（d）中指定的软元件中，如图 4-2 所示。

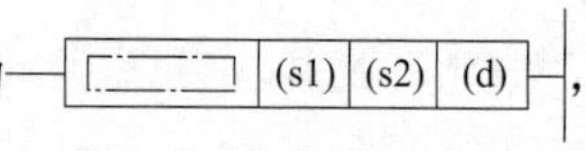

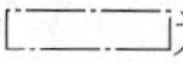

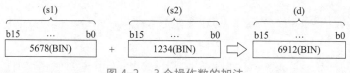

图 4-2　3 个操作数的加法

ADD（P）（_U）的用法与 2 个、3 个操作数的 +（P）（_U）指令基本相同，但在溢出后的结果不一致，即 ADD（P）（_U）有进位标志，而其他加法没有该标志。根据图 4-3 所示的两种加法形式，在加法溢出后的具体运算结果如表 4-1 所示。

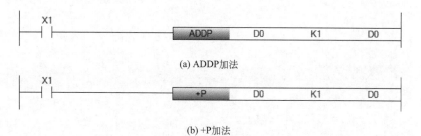

(a) ADDP加法

(b) +P加法

图 4-3　两种加法形式

表 4-1　BIN16 位数加法溢出后的具体运算结果

项目		ADD（P）指令	+（P）指令
标志（零、借位、进位）		执行动作	不执行动作
运算结果	（s）+1=（d）	+32767 → 0 → +1 → +2 →…	+32767 → 32768 → 32767 →…

2）BIN32 位加法运算

BIN32 位加法运算有 D+（P）（_U）指令与 DADD（P）（_U）指令。

BIN32 位加法操作数为 2 个的情况下，指令为 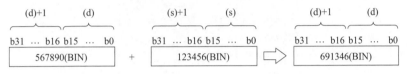，其中 为 D+
（P）、D+（P）_U。图 4-4 所示是将（d）中指定的 BIN32 位数据与（s）中指定的 BIN32 位
数据进行加法运算，并将运算结果存储到（d）中指定的软元件中。

图 4-4　操作数为 2 个的 BIN32 位加法示例

BIN32 位加法操作数为 3 个的情况下，指令为 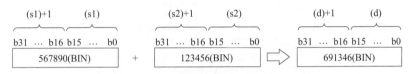，其中
为 D+（P）、D+（P）_U。图 4-5 所示是将（s1）中指定的 BIN32 位数据与（s2）中指定的
BIN32 位数据进行加法运算，并将运算结果存储到（d）中指定的软元件中。

图 4-5　操作数为 3 个的 BIN32 位加法示例

DADD（P）（_U）用法与 2 个、3 个操作数的 D+（P）（_U）指令基本相同，但溢出后的
结果不一致，具体与 BIN16 位加法操作数相同，以"+1"运算为例，其溢出的结果如表 4-2
所示。

表 4-2　BIN32 位数加法溢出后的具体运算结果

项目		DADD（P）指令	D+（P）指令、DINC（P）指令
标志（零、借位、进位）		执行动作	不执行动作
运算结果	（s）+1=（d）	+2147483647 → 0 → +1 → +2 →…	+2147483647 → 2147483648 → 2147483647 →…

【案例 4-1】四种加法运算

案例要求

要求在触摸屏上进行无符号 BIN16 位数、有符号 BIN16 位数、无符号 BIN32 位数、有
符号 BIN32 位数四种加法运算。

案例实施

步骤 1：电气连接。

图 4-6 所示为本章节所有案例的电气连接示意。

步骤 2：PLC 的指令调用与编程。

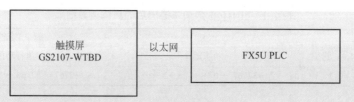

图 4-6　电气连接示意

如图 4-7 所示，从算术运算指令中找到 +［3］{16 位加法运算（有符号）}、+_U［3］{16 位加法运算（无符号）}、D+［3］{32 位加法运算（有符号）}、D+_U［3］{32 位加法运算（无符号）} 四个指令分别拖曳至主程序中，进行编程。

图 4-7　算术运算指令

如图 4-8 所示为四种加法运算梯形图程序，其中 M0、M1、M2 和 M3 为触摸屏上的 4 个按钮。BIN16 位和 BIN32 位所占用的地址不一样，这个需要注意。

图 4-8　四种加法运算梯形图程序

步骤 3：触摸屏画面组态。

图 4-9 所示为触摸屏画面组态，包括 M0 ～ M3 计算按钮、D0 等数据，该数据需要正确设置数据格式和显示格式，如图 4-10 所示。

步骤 4：测试。

图 4-11 所示为测试结果。

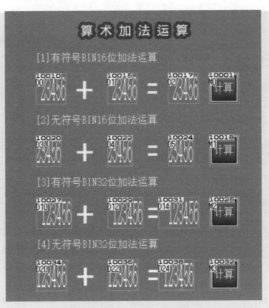

图 4-9　触摸屏画面组态

图 4-10　数值输入基本设置

也可以进行溢出测试，如图 4-12 所示为有符号 BIN16 位数的实际计算结果。

（2）减法运算

BIN16 位减法运算有 –（P）（_U）指令与 SUB（P）（_U）指令。在操作数为 2 个的情

101

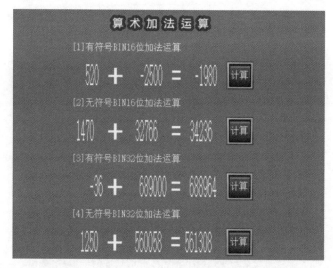

图 4-11　测试结果

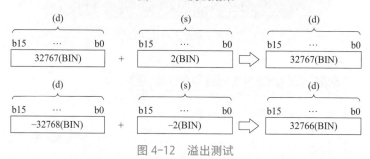

图 4-12　溢出测试

况下，调用— ─(P) (s) (d) 指令，可以将（d）中指定的 BIN16 位数据与（s）中指定的 BIN16 位数据进行减法运算，并将运算结果存储到（d）中指定的软元件中，其减法示意如图 4-13 所示。

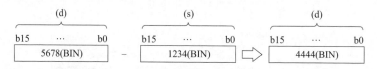

图 4-13　BIN16 位减法运算示例（操作数为 2 个）

在操作数为 3 个的情况下，调用— ─(P) (s1) (s2) (d) 指令，将（s1）中指定的 BIN16 位数据与（s2）中指定的 BIN16 位数据进行减法运算，并将运算结果存储到（d）中指定的软元件中，其减法示意如图 4-14 所示。

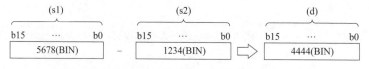

图 4-14　BIN16 位减法运算示例（操作数为 3 个）

SUB（P）（_U）的用法与 2 个、3 个操作数的 ─（P）（_U）指令基本相同，但在溢出后的结果不一致，即 SUB（P）（_U）有借位标志，而其他减法没有该标志。根据图 4-15 的两种减法形式，在加法溢出后的具体运算结果如表 4-3 所示。

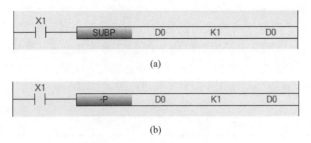

图 4-15　两种减法形式

表 4-3　BIN16 位数减法溢出后的具体运算结果

项目		SUB（P）指令	−（P）指令
标志（零、借位、进位）		执行动作	不执行动作
运算结果	（s）−1=（d）	−32768 → 0 → −1 → −2 →…	−32768 → +32767 → +32766 →…

对应于 BIN32 位数的减法包括 D−（P）（_U）指令与 DSUB（P）（_U）指令，用法同 BIN32 位数的加法一样，不再赘述。

（3）乘法运算

BIN16 位乘法运算有 ∗（P）（_U）指令与 MUL（P）（_U）指令。

指令——▯▯▯▯ (s1) (s2) (d)——中的▯▯▯▯为 ∗（P）、∗（P）_U，表示将（s1）中指定的 BIN16 位数据与（s2）中指定的 BIN16 位数据进行乘法运算，并将结果存储到（d）中指定的 BIN32 位软元件中，如图 4-16 所示。

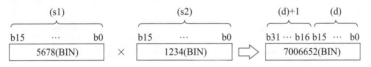

图 4-16　BIN16 位乘法运算示例

MUL（P）（_U）具有相应的乘法运算功能，同时能在运算结果为 0 时，将零标志 SM8304 变为 ON。

BIN32 位乘法运算有 D∗（P）（_U）指令与 DMUL（P）（_U）指令。

指令—— D∗(P) (s1) (s2) (d) —是将（s1）中指定的 BIN32 位数据与（s2）中指定的 BIN32 位数据进行乘法运算，并将运算结果存储到（d）中指定的软元件中，其示意如图 4-17 所示。

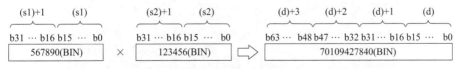

图 4-17　BIN32 位乘法运算示例

需要注意的是，（d）为位软元件的情况下，乘法运算结果的低位 32 位位置将成为输出对象，不能指定高位 32 位。位软元件中需要乘法运算结果的高位 32 位数据的情况下，应预先将数据存储到字软元件中一次，将字软元件的（d）+2、（d）+3 的数据传送到指定位软元件中。

【案例 4-2】用算术运算来实现灯的切换

案例要求

要求在触摸屏上进行灯切换模式的设置和灯切换动作，要求模式 1 时从 Y0 到 Y7 每次点亮一个灯但不灭掉前面的灯，模式 2 时从 Y0 到 Y7 每次只点亮一个灯。

案例实施

步骤 1：PLC 软元件定义（表 4-4）。

表 4-4　PLC 软元件定义

PLC 软元件编号	功能
M10	灯切换按钮
M11	复位按钮
M12	模式按钮（1—ON；2—OFF）
D0	运算值
Y0 ～ Y7	输出指示灯

步骤 2：PLC 的指令调用与编程。

如图 4-18 所示是梯形图，具体说明如下：

步 0：在初始化时或复位时设置运算初始值 D0 为 1；

步 8：将 D0 值与 Y0 ～ Y7 相连接；

步 16：当按下灯切换按钮时，执行 D0=D0*2 指令，当 M12 为 ON 时，再执行 D0=D0+1。

```
(0)  SM402
     ─┤├──────────────────────────────────────[MOV  K1    D0 ]
     M11
     ─┤├─

(8)  SM400
     ─┤├──────────────────────────────────────[MOV  D0    K2Y0]

(16) M10
     ─┤├──────────────────────────────────[MULP  K2    D0    D0 ]
       M12
     ─┤├────────────────────────────────[ADDP  D0    1     D0 ]

(32)                                                        [END ]
```

图 4-18　梯形图

步骤 3：触摸屏画面组态。

图 4-19 所示为触摸屏组态，其中 M10 为灯切换按钮、M11 为复位按钮、M12 为模式切换按钮（具体动作设置如图 4-20 所示，设置为位反转）。

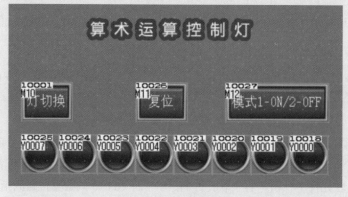

图 4-19　触摸屏组态

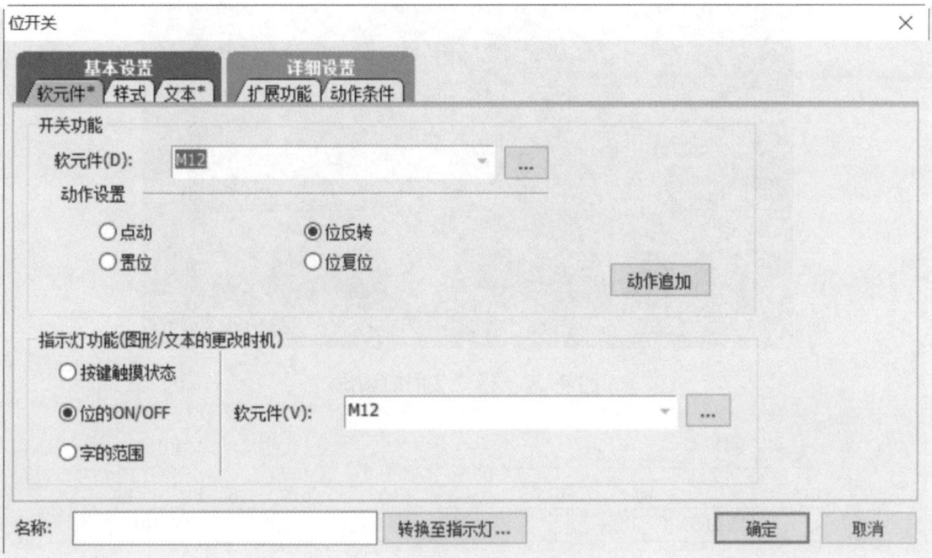

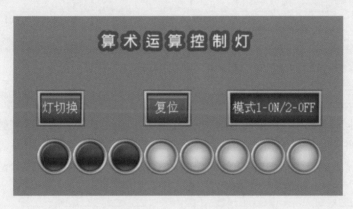

图 4-20　M12 位开关动作设置

步骤 4：调试。

将 M12 设置为 ON，即模式 1，灯切换是 Y0 到 Y7 逐次点亮，每次点亮都不灭掉，如图 4-21 所示。

图 4-21　模式 1 时的调试

将 M12 设置为 OFF，即模式 2，灯切换是从 Y0 到 Y7 依次点亮，但每次点亮只有一个灯，如图 4-22 所示。

（4）除法运算

BIN16 位除法运算有 /（P）（_U）指令与 DIV（P）（_U）指令。

指令——⬚⬚⬚ (s1) (s2) (d) ——中的⬚⬚⬚为 /（P）、/（P）_U，表示将（s1）中指定的 BIN16 位数据与（s2）中指定的 BIN16 位数据进行除法运算，并将结果存储到（d）中指定的软元件中，其中（d）为商、（d）+1 为余数，示意如图 4-23 所示。需要注意的是：在字软元件的情况下，除法运算结果使用 32 位存储商和余数；在位软元件的情况下，只使用 16 位来存储商，没有余数。

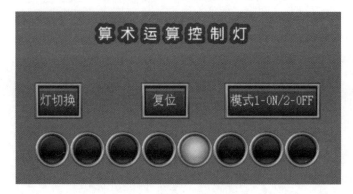

图 4-22　模式 2 时的调试

图 4-23　BIN16 位除法运算示例

DIV（P）（_U）的功能与 /（P）（_U）指令类似，另外增加了表 4-5 所示的标志。

表 4-5　DIV（P）（_U）的标志

软元件	名称	内容
SM8304	零	运算结果为 0 时，零标志将变为 ON
SM8306	进位	在有符号运算中，运算结果超过 32767 时，进位标志将变为 ON

BIN32 位除法运算有 D/（P）（_U）指令与 DDIV（P）（_U）指令。

指令—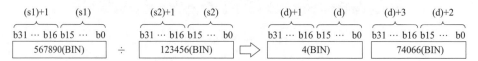—中的▢▢▢为 D/（P）、D/（P）_U，表示将（s1）中指定的 BIN32 位数据与（s2）中指定的 BIN32 位数据进行除法运算，并将运算结果存储到（d）中指定的软元件中。在字软元件的情况下，除法运算结果使用 BIN64 位存储商及余数。位软元件的情况下，只使用 BIN32 位存储商。图 4-24 所示是 BIN32 位除法运算示例。

图 4-24　BIN32 位除法运算示例

DDIV（P）（_U）指令与 D/（P）（_U）指令类似，并增加了 SM8304 和 SM8306 标志软元件。

（5）递增和递减运算

INC（P）（_U）是对指定的 BIN16 位数据软元件进行 +1，如图 4-25 所示为运算示例。需要注意的是：图中（d）所指定的软元件的内容为 32767 时执行了 INC（P）指令的情况下（指定了有符号的情况下），−32768 将被存储到（d）中指定的软元件中；（d）所指定的软元件的内容为 65535 时执行了 INC（P）_U 指令的情况下（指定了无符号的情况下），0 将被存储到（d）中指定的软元件中。

DEC（P）（_U）是对指定的 BIN16 位数据软元件进行 −1，如图 4-26 所示为运算示意。同样需要注意的是：图中（d）所指定的软元件的内容为 −32768 时执行了 DEC（P）指令的

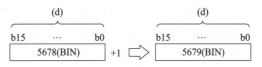

图4-25 递增运算示例

情况下（指定了有符号的情况下），32767将被存储到（d）中指定的软元件中；（d）所指定的软元件的内容为0时执行了DEC（P）_U指令的情况下（指定了无符号的情况下），65535将被存储到（d）中指定的软元件中。

图4-26 递减运算示例

32位BIN数据递增和递减指令分别用DINC（P）（_U）和DDEC（P）（_U）来表示。

无论是递增还是递减，都不执行零、借位、进位等标志动作。

（6）BCD4位数和8位数运算

1）BCD4位数加法运算

指令—[B+(P) | (s) | (d)]—是表示将（d）中指定的BCD4位数据与（s）中指定的BCD4位数据进行加法运算，将结果存储到（d）中指定的软元件中。图4-27所示为BCD4位数加法运算示例。

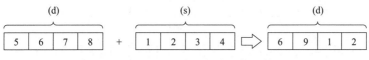

图4-27 BCD4位数加法运算示例

如图4-28所示，加法运算结果超过了9999的情况下，位数上升将被忽略。在此情况下，进位标志（SM700）不变为ON。

图4-28 位数忽略的BCD加法

指令—[B+(P) | (s1) | (s2) | (d)]—是表示将（s1）中指定的BCD4位数据与（s2）中指定的BCD4位数据进行加法运算，将结果存储到（d）中指定的软元件中。

2）BCD4位数减法运算

指令—[B-(P) | (s) | (d)]—是表示将（d）中指定的BCD4位数据与（s）中指定的BCD4位数据进行减法运算，将结果存储到（d）中指定的软元件中，如图4-29所示。

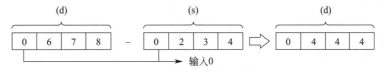

图4-29 BCD4位数减法运算示例

如图 4-30 所示，当减法运算结果发生了下溢时，进位标志（SM700）不变为 ON。

图 4-30　下溢时的 BCD4 位数减法运算

指令—— B-(P) | (s1) | (s2) | (d) —是表示将（s1）中指定的 BCD4 位数据与（s2）中指定的 BCD4 位数据进行减法运算，将结果存储到（d）中指定的软元件中。

4.1.2　逻辑运算指令

逻辑运算指令是指对 16 位或 32 位数进行二进制数据的按位运算。例如逻辑与指令，当两个操作数的对应位都为"1"时，逻辑与操作结果中该位才为"1"，该指令常用于屏蔽或检测数据字中的某些位；逻辑或指令则是当两个操作数的对应位中有一个为"1"时，操作结果中的该位为"1"，该指令常用于将数据字中的某些位置为"1"；逻辑非就是把数据字中的所有位求反。除此之外，还有异或、异或非。

（1）逻辑与

16 位数据逻辑与指令为 WAND（P），它分为 2 个操作数和 3 个操作数两种情况。

指令—— WAND(P) | (s) | (d) —是 2 个操作数的逻辑与，即对（d）中指定的软元件的 BIN16 位数据与（s）中指定的软元件的 BIN16 位数据的各个位进行逻辑与运算，将结果存储到（d）中指定的软元件中，运算示意如图 4-31 所示。

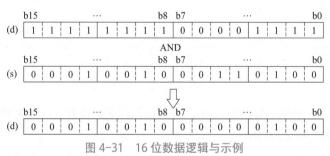

图 4-31　16 位数据逻辑与示例

指令—— WAND(P) | (s1) | (s2) | (d) —是 3 个操作数的逻辑与，即对（s1）中指定的软元件的 BIN16 位数据与（s2）中指定的软元件的 BIN16 位数据的各个位进行逻辑积运算，将结果存储到（d）中指定的软元件中。

32 位数据逻辑与指令为 DAND（P），其用法与 WAND（P）相似。

（2）逻辑或

逻辑或有 2 个操作数和 3 个操作数，也有 16 位和 32 位。其中指令—— WOR(P) | (s) | (d) —表示对（d）中指定的软元件的 BIN16 位数据与（s）中指定的软元件的 BIN16 位数据的各个位进行逻辑或运算，将结果存储到（d）中指定的软元件中。图 4-32 所示是 16 位数据逻辑或示例。

（3）异或

异或—— WXOR(P) | (s) | (d) —是 16 位数据 2 个操作数的运算，表示对（d）中指定的软元

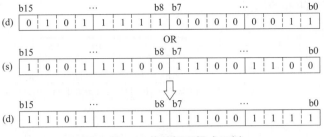

图 4-32　16 位数据逻辑或示例

件的 BIN16 位数据与（s）中指定的软元件的 BIN16 位数据的各个位进行异或运算，将结果存储到（d）中指定的软元件中。图 4-33 所示是 16 位数据异或示例。

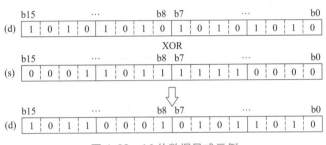

图 4-33　16 位数据异或示例

（4）异或非

指令—| WXNR(P) | (s) | (d) |—是指对（d）中指定的软元件的 BIN16 位数据与（s）中指定的软元件的 BIN16 位数据进行异或非运算，将结果存储到（d）中指定的软元件中。图 4-34 所示是 16 位数据异或非示例。

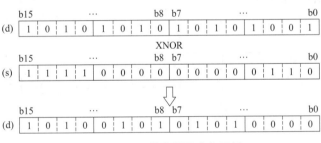

图 4-34　16 位数据异或非示例

4.1.3　位处理指令

（1）字软元件的位设置

指令—| BSET(P) | (d) | (n) |—表示对（d）中指定的字软元件的第（n）位进行设置"1"。图 4-35 所示为对 D10 的第 6 位进行置"1"处理。

（2）字软元件的位复位

指令—| BRST(P) | (d) | (n) |—表示对（d）中指定的字软元件的第（n）位进行复位"0"。

图 4-36 所示是 BRSTP 指令示例。

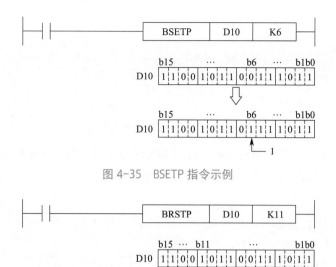

图 4-35　BSETP 指令示例

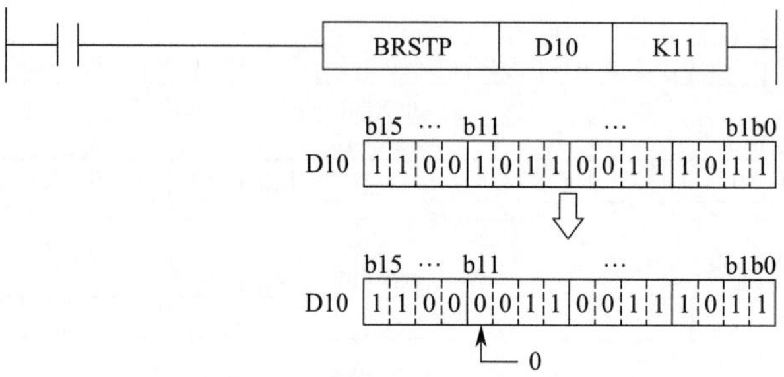

图 4-36　BRSTP 指令示例

（3）16 位测试

指令 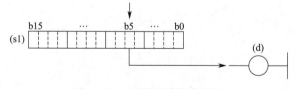 是指从（s1）中指定的软元件开始，提取（s2）中指定的位置的位数据后，写入到（d）中指定的位软元件中。在（s2）=5 的情况下，执行 16 位测试指令之后，结果如图 4-37 所示。

图 4-37　16 位测试指令示例

（4）32 位测试

指令 DTEST(P) (s1) (s2) (d) 是指从（s1）中指定的软元件开始，提取（s2）中指定的位置的位数据后，写入到（d）中指定的位软元件中。当（s2）=21 的情况下，从（s1）、（s1）+1 中指定的 2 个字软元件开始执行，其结果如图 4-38 所示。

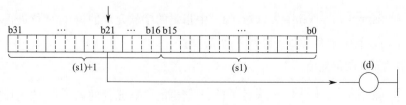

图 4-38　32 位测试指令示例

（5）位软元件的批量复位

指令——⎯ BKRST(P) | (d) | (n) ⎯⎯ 是指从（d）中指定的位软元件开始，对（n）点的位软元件进行复位。

（6）数据批量复位

指令——⎯ ZRST(P) | (d1) | (d2) ⎯⎯ 是指在相同类型的（d1）与（d2）中指定的软元件之间进行批量复位。比如（d1）、（d2）为位软元件时，在（d1）～（d2）的整个软元件范围内写入 OFF（复位），如图 4-39 所示。

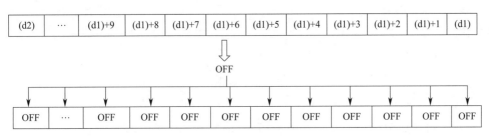

图 4-39　数据批量复位示例一

当（d1）、（d2）为字软元件时，在（d1）～（d2）的整个软元件范围内写入 K0，如图 4-40 所示。

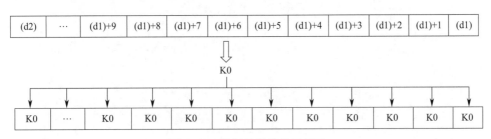

图 4-40　数据批量复位示例二

【案例 4-3】位处理指令测试画面

案例要求

要求在触摸屏上对 Y0 ～ Y7、Y10 ～ Y17 输出指示进行位设置、位复位和批量复位。

案例实施

步骤 1：PLC 软元件定义（表 4-6）。

表 4-6　PLC 软元件定义

PLC 软元件编号	功能
M10	位设置按钮
M11	位复位按钮
M12	批量复位按钮
D0	运算值（0 ～ 65535）
D2	位值（0 ～ 15）
Y0 ～ Y7、Y10 ～ Y17	输出指示灯

步骤 2：PLC 的指令调用与编程。

如图 4-41 所示是梯形图，具体说明如下：

步 0：将运算值 D0 与 Y0 ~ Y7、Y10 ~ Y17 相连；

步 6：触摸屏上按下位设置按钮时，调用 BSET 指令，在 D0 的 D2 设置的相应位数置"1"；

步 14：触摸屏上按下位复位按钮时，调用 BRST 指令，在 D0 的 D2 设置的相应位数置"0"；

步 22：触摸屏上按下批量复位按钮时，调用 ZRST 指令，将 D0、D2 复位为"0"。

图 4-41　梯形图

步骤 3：触摸屏组态。

触摸屏组态如图 4-42 所示，其中 M10 ~ M12 均为点动按钮，D0 为字软元件，D2 为 0 ~ 15 的位值。

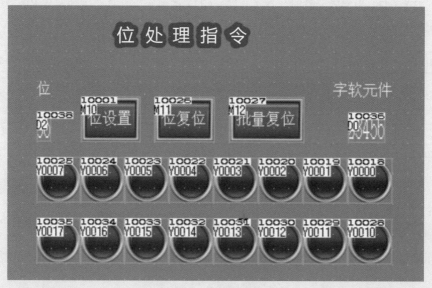

图 4-42　触摸屏组态

步骤 4：调试。

设置字软元件 D0=68 后，灯显示如图 4-43 所示；当设置位值 D2=7 后，点击位设置按钮，则字软元件 D0=196，相应的指示灯第 7 位也点亮（图 4-44）。其他指令也可以进行相应测试。

4.1.4　比较指令

比较指令可以用最简单的符号进行编程，在 —[□]—(s1)(s2)— 中输入 =（_U）、<>（_U）、>（_U）、< =（_U）、<（_U）、> =（_U）即可将（s1）中指定的软元件的

BIN16 位数据与（s2）中指定的软元件的 BIN16 位数据通过常开触点处理进行比较运算。各指令的比较运算结果如表 4-7 所示。

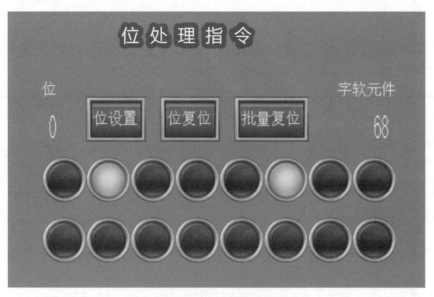

图 4-43　调试初始状态

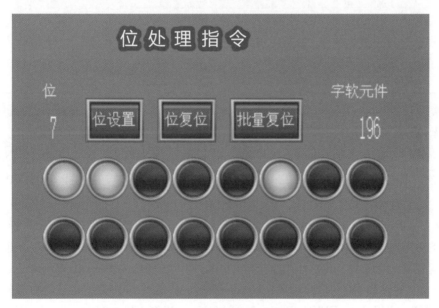

图 4-44　位设置指令动作后

表 4-7　BIN16 位数据比较运算结果

指令符号	条件	比较运算结果
=（_U）	（s1）=（s2）	
<>（_U）	（s1）≠（s2）	
>（_U）	（s1）>（s2）	
<=（_U）	（s1）≤（s2）	导通状态
<（_U）	（s1）<（s2）	
>=（_U）	（s1）≥（s2）	

指令符号	条件	比较运算结果
= (_U)	(s1) ≠ (s2)	
<> (_U)	(s1) = (s2)	
> (_U)	(s1) ≤ (s2)	非导通状态
< = (_U)	(s1) > (s2)	
< (_U)	(s1) ≥ (s2)	
>= (_U)	(s1) < (s2)	

32 位的比较运算符号为 D=(_U)、D<>(_U)、D>(_U)、D<=(_U)、D<(_U)、D>=(_U)，其运算结果如表 4-8 所示。

表 4-8　BIN32 位数据比较运算结果

指令符号	条件	比较运算结果
D = (_U)	(s1) = (s2)	
D <> (_U)	(s1) ≠ (s2)	
D > (_U)	(s1) > (s2)	导通状态
D < = (_U)	(s1) ≤ (s2)	
D < (_U)	(s1) < (s2)	
D >= (_U)	(s1) ≥ (s2)	
D = (_U)	(s1) ≠ (s2)	
D <> (_U)	(s1) = (s2)	
D > (_U)	(s1) ≤ (s2)	非导通状态
D < = (_U)	(s1) > (s2)	
D < (_U)	(s1) ≥ (s2)	
D >= (_U)	(s1) < (s2)	

需要注意的是，(s1)、(s2) 数据的最高位为 1 时，将被视为 BIN 值的负数，进行比较运算（无符号运算除外）。

为了快速比较更多的存储区中的数值，可以采用 BIN16 位块数据比较或 BIN32 位块数据比较，其指令格式为 ──[﹍] (s1) (s2) (d) (n) ├，[﹍] 内的指令包括 BKCMP=(P)(_U)、BKCMP < >(P)(_U)、BKCMP >(P)(_U)、BKCMP < =(P)(_U)、BKCMP <(P)(_U)、BKCMP >=(P)(_U)，表示将 (s1) 中指定的软元件开始的 (n) 点的 BIN16 位数据与 (s2) 中指定的软元件开始的 (n) 点的 BIN16 位数据进行比较，将运算结果存储到 (d) 中指定的软元件中。图 4-45 所示为块数据比较示例一，图 4-46 所示为 (s1) 为常数 32000 时的块数据比较示例二。若是 32 位块数据比较，则需要输入指令 DBKCMP=(P)(_U)、DBKCMP < >(P)(_U)、DBKCMP >(P)(_U)、DBKCMP < =(P)(_U)、DBKCMP <(P)(_U)、DBKCMP >=(P)(_U)。

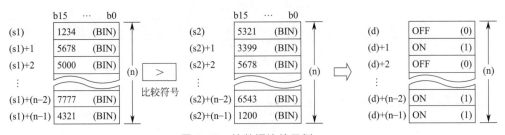

图 4-45　块数据比较示例一

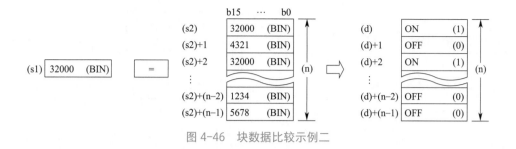

图 4-46 块数据比较示例二

4.1.5 数据传送指令

MOV 和 DMOV 是用得最为普遍的数据传送指令。除此之外还有其他数据传送指令，具体如下。

（1）数据否定传送

指令—— CML(P) (s) (d) —— 表示对（s）中指定的 BIN16 位数据进行逐位取反后，将其结果传送到（d）中指定的软元件。图 4-47 所示为数据否定传送示例。

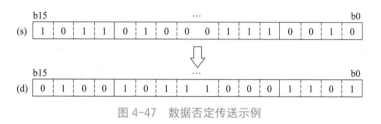

图 4-47 数据否定传送示例

32 位数据否定传送为 DCML（P）。

（2）位移动

指令—— SMOV(P) (s) (n1) (n2) (d) (n3) —— 将数据以位数单位（4 位）进行分配 / 合成，操作数含义如表 4-9 所示。

表 4-9 SMOV（P）的操作数及其含义

操作数	内容	范围	数据类型
（s）	存储了要移动位数的数据的字软元件编号	—	有符号 BIN16 位
（n1）	要移动的起始位置	1～4	无符号 BIN16 位
（n2）	要移动的位数	1～4	无符号 BIN16 位
（d）	存储进行位移动的数据的字软元件编号	—	有符号 BIN16 位
（n3）	移动目标的起始位置	1～4	无符号 BIN16 位

（3）块数据传送

指令—— FMOV(P) (s) (d) (n) —— 是指将与（s）中指定的软元件的 BIN16 位数据相同的数据，以（n）点传送到（d）中指定的软元件中。图 4-48 所示是 BIN16 位块数据传送示例。

32 位块数据传送的指令为 DFMOV（P）。

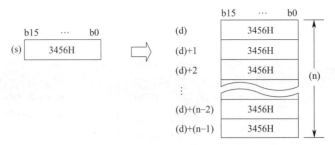

图 4-48　BIN16 位块数据传送示例

（4）数据交换

指令—XCH(P)|(d1)|(d2)—是表示对（d1）与（d2）的 BIN16 位数据进行交换。图 4-49 所示为 BIN16 位数据交换示例。

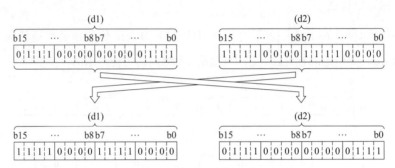

图 4-49　BIN16 位数据交换示例

32 位数据交换指令为 DXCH（P）。

（5）上下字节交换

指令—SWAP(P)|(d)—是指对（d）中指定的软元件的上下各 8 位的值进行变换。图 4-50 所示是 BIN16 位数据上下字节交换示例。

32 位数据上下字节交换指令为 DSWAP（P）。

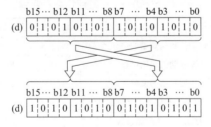

图 4-50　BIN16 位数据上下字节交换示例

（6）位数据传送

MOVB（P）是将（s）中指定的 1 位数据存储到（d）中。对于更多的位数据传送则是

指令—BLKMOVB(P)|(s)|(d)|(n)—，即将从（s）开始的（n）点的位数据批量传送到（d）开始的（n）点的位数据中。图 4-51 所示是位数据传送示例。

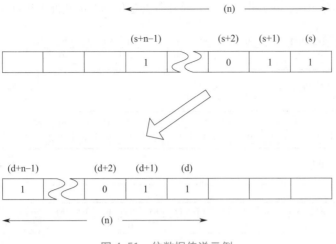

图 4-51　位数据传送示例

4.1.6　旋转指令

ROR（P）、RCR（P）指令格式为 $\boxed{\ \ \ }$ (d) (n) ，它分别表示如下：

① ROR(P)：将（d）中指定的软元件的 16 位数据，在不包含进位标志的状况下进行（n）位右旋。

② RCR(P)：将（d）中指定的软元件的 16 位数据，在包含进位标志的状况下进行（n）位右旋。

图 4-52 是 ROR（P）指令示意，其进位标志根据 ROR（P）执行前的状态而处于 ON 或 OFF 状态。

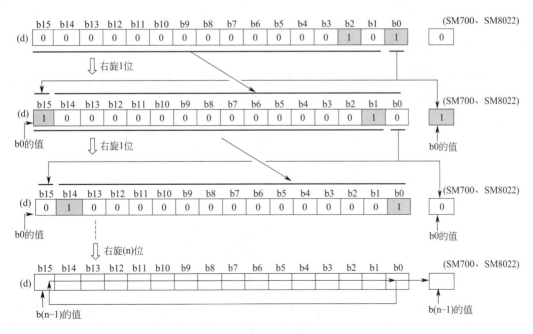

图 4-52　ROR（P）指令示意

117

图 4-53 所示为 RCR（P）指令示意，是在包含进位标志的状况下进行（n）位右旋。

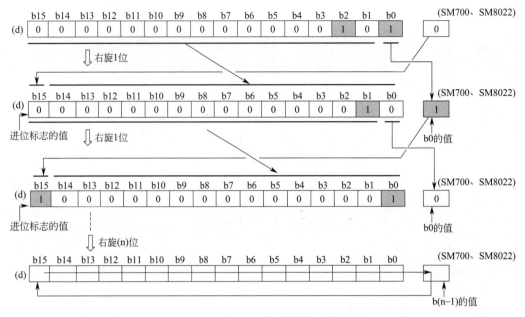

图 4-53　RCR（P）指令示意

相应的左旋指令为 ROL（P）、RCL（P）。无论左旋还是右旋，均有 32 位数据指令，前面加 D 即可。

4.2　步进梯形图指令

4.2.1　步进梯形图开始和结束

图 4-54 所示的使用步进梯形图指令的程序一般以机械的动作为基础，按各工序分配步进继电器 S，作为连接在状态触点（STL 触点）中的回路，进行输入条件和输出控制的顺控编程。

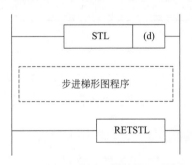

图 4-54　步进梯形图开始和结束

在步进梯形图中，把步进继电器 S 当作一个控制工序，在其中进行输入条件和输出控制的顺控程序。由于工序推进时，前工序就变为不执行，所以可以通过各工序的简单顺控进行机械控制。通过 STL 指令指定的步进继电器编号被分配给状态。状态的开始、结束通过 SET 指令、OUT 指令、RST 指令、ZRST 指令执行。对于一连串的步进梯形图，要以初始化状态为起始，按照要转移的状态的顺序编程。此外，应在步进梯形图的最后进行 RETSTL 指令的编程。连续进行步进梯形图编程的情况下，除最后的步进梯形图以外，可省略 RETSTL 指令。

图 4-55 所示为实际 STL 步进梯形图示例，共设有 S0、S20 和 S21 三个工序。每个工序均具有驱动处理、指定转移目标以及指定其转移条件三个功能。

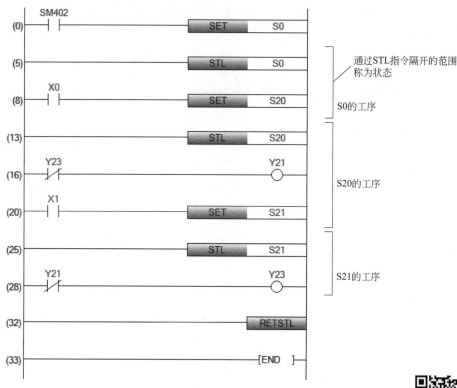

图 4-55　实际 STL 步进梯形图示例

4.2.2　步进STL编程实例

【案例 4-4】交通灯控制

案例要求

要求在触摸屏上进行交通灯控制，采用步进 STL 指令。

案例实施

步骤 1：PLC 软元件定义（表 4-10）。

表 4-10　PLC 软元件定义

PLC 软元件编号	功能
M10	触摸屏启动按钮
M11	触摸屏停止按钮
Y0	红灯
Y1	黄灯
Y2	绿灯

步骤 2：PLC 编程。

如图 4-56 所示是梯形图，具体说明如下：

步 0：初始化进入 S0 工序；

步 5—8：在 S0 工序时，等待启动按钮，然后进入 S20 工序；

步 13—25：在 S20 工序，输出红灯 Y0，并开始定时 12s，时间到后，进入 S21 工序；

步 30—42：在 S21 工序，输出绿灯 Y2，并开始定时 8s，时间到后，进入 S22 工序；

步 47—61：在 S22 工序，输出带闪烁黄灯 Y1，并开始定时 5s，时间到后，进入 S20 工序后循环；

步 67：当停止按钮动作后，复位全部步进继电器。

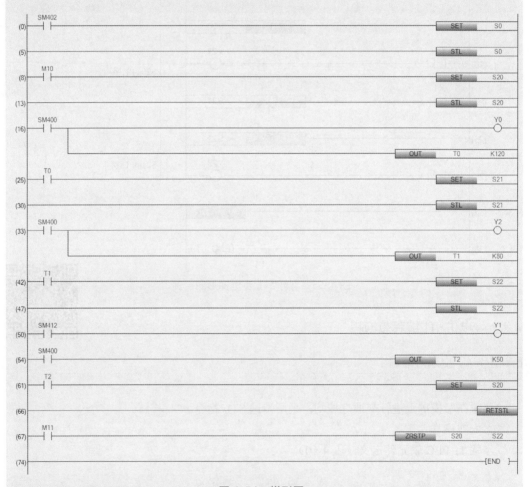

图 4-56　梯形图

步骤 3：触摸屏组态。

图 4-57 所示为触摸屏组态，包括按钮 M10、M11 和指示灯 Y0 ～ Y2（图中为 Y0000 ～ Y0002）。

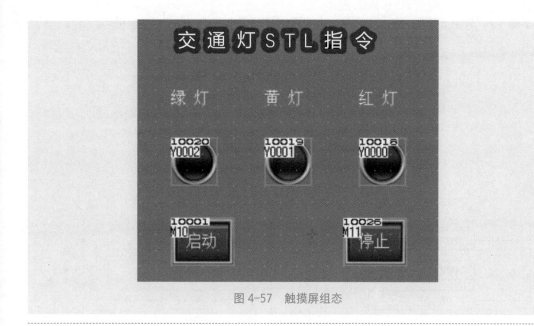

图 4-57　触摸屏组态

4.3　程序控制指令

4.3.1　跳转指令

指令 —⎿ CJ(P) ⎸ (P) ⏌— 是指跳转并执行同一程序文件内指定的指针编号的程序，以图 4-58 为例，当 X3 为 ON 期间，执行环路（1）；当 X7 置为 ON 时，从环路（1）中跳出，执行 P9 所示的指令。

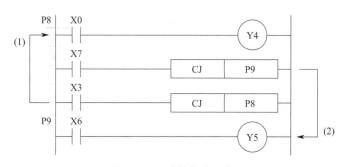

图 4-58　跳转指令示意

4.3.2　FOR-NEXT循环指令

如图 4-59 所示，是将 FOR-NEXT 指令之间的处理无条件执行（n）次后，将进行 NEXT 指令的下一步的处理。

图 4-60 所示是在 FOR-NEXT 指令之间以嵌套进行 FOR-NEXT 指令编程的情况，其中

图 4-60（a）为 3 重循环，图 4-60（b）为 2 重循环，最多情况下可达 16 重循环。

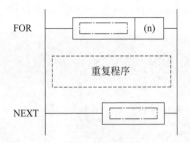

图 4-59　FOR-NEXT 循环指令示意

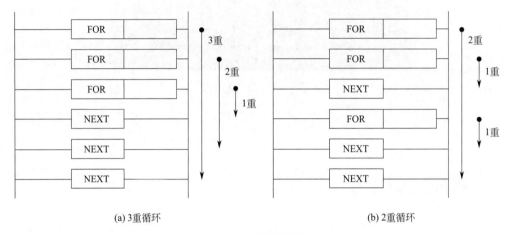

(a) 3重循环　　　　　　　　　　　　　　　(b) 2重循环

图 4-60　循环嵌套

FOR-NEXT 指令之间的重复执行中，在中途结束的情况下，应使用 BREAK 指令，如图 4-61 所示，即当强制结束条件成立时，退出当前的循环体，并执行转移至（P）中指定的指针。

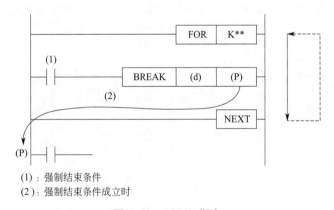

(1)：强制结束条件
(2)：强制结束条件成立时

图 4-61　BREAK 指令

4.3.3　CALL子程序调用

如图 4-62 所示，执行 CALL（P）指令时，将执行指针（P）中指定的子程序。CALL（P）指令可以执行同一程序文件内的指针中指定的子程序及通用指针中指定的子程序。

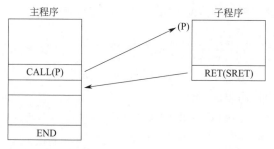

图 4-62 CALL（P）指令

在子程序编写过程，如图 4-63 所示，如果指令输入为 ON，将执行 CALL 指令，跳转至标签（Pn）的步之处。接着执行标签 Pn 的子程序。如果执行 RET（SRET），将返回至 CALL 指令的下一步之处。在主程序的最后进行 FEND 指令编程。CALL 指令用的标签（Pn）在 FEND 指令后编程。

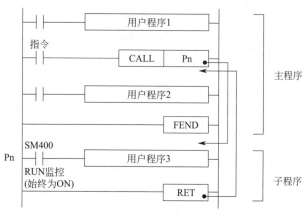

图 4-63 子程序的编写

4.3.4 程序控制编程实例

【案例 4-5】累加循环控制

案例要求

要求在触摸屏上能实现 $1+2+\cdots+N$ 的计算，其中 N 可以任意指定。

案例实施

步骤 1：PLC 软元件定义（表 4-11）。

表 4-11 PLC 软元件定义

PLC 软元件编号	功能
M0	触摸屏计算按钮
D0	循环次数 N
D2	计算结果
D4	累加中间变量 1
D6	累加中间变量 2

步骤 2：PLC 编程。

如图 4-64 所示是梯形图，具体说明如下：

步 0：初始化赋值 D2 和 D6 为 0；

步 10：在子程序外，始终赋值 D4 为 0；

步 16：当触摸屏按钮 M0 动作时，赋值 D6 为 0，并调用子程序 P20；

步 25：主程序 FEND 结束；

步 26—46：子程序，且为 FOR-NEXT 循环体，执行累加，并将结果反馈回 D2。

图 4-64　梯形图

步骤 3：触摸屏组态。

图 4-65 所示为触摸屏组态，包括 M0 计算按钮、D0 循环次数和 D2 计算和。

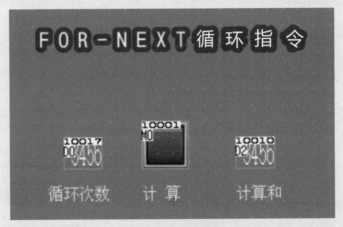

图 4-65　触摸屏组态

步骤 4：调试。

只要输入 D0=2 以上的值并确保 D2 不溢出，均能正确计算。如图 4-66 所示，当

D0=100 时，即结果为 5050。

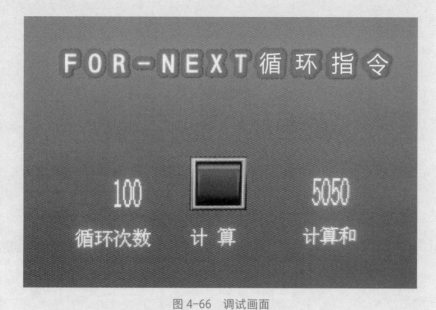

图 4-66　调试画面

第5章

FX5U PLC 的模拟量编程

PLC运算遵循数字计算机的各种规定，因此处理模拟量信号时，必须进行A/D转换或D/A转换。FX5U内置的模拟量为2个输入和1个输出，能够处理数字剪辑功能、比例缩放功能、移位功能等复杂流程控制。除此之外，FX5U还有2种方式进行模拟量信号扩展，一种是输出模块，另一种是扩展适配器，以符合生产现场具有热电偶等更多种类、更多数量的模拟量要求。本章还介绍了过程控制中应用得十分普遍的一种控制方式——PID控制，FX5U的PID指令能使小型控制系统的被控物理量迅速而准确地接近控制目标。

5.1 三菱PLC内置模拟量

5.1.1 概述

模拟量是指变量在一定范围连续变化的量，也就是在一定范围（定义域）内可以取任意值（在值域内）。数字量是分立量，而不是连续变化量，只能取几个分立值，如二进制数字变量只能取两个值。

PLC能够接入的模拟量是指现场的水井水位、水塔水位、泵出口压力、出口流量等模拟量，需要通过多路复用芯片完成多路数据的采集和模数转换器（即A/D转换器）完成模拟量到数字量的转换，再将采集的数据给CPU处理，如图5-1所示。

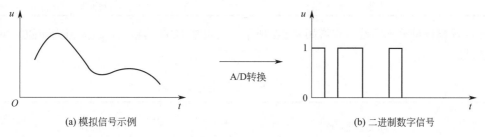

图 5-1 PLC 的模拟量输入

PLC内部数据处理是基于CPU的运算，对于控制调节阀、变频器等需要的输出模拟量信号则是通过数模转换器（即D/A转换器）后完成数字量到模拟量的转换。

5.1.2 内置模拟量输入输出定义

FX5U PLC有内置模拟量，如图5-2所示，其中AI（即模拟量输入）共2路信号，即V1+/V− 和 V2+/V−；AO（即模拟量输出）共1路信号，即 V+/V−。

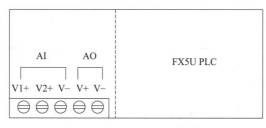

图 5-2 FX5U PLC 内置模拟量

内置模拟量输入的技术规格如表5-1所示，它是12bit的精度，最大值为4000，对应10V模拟量输入。

表 5-1 内置模拟量输入的技术规格

项目		规格
模拟量输入点数		2 点（2 通道）
模拟量输入	电压	DC 0 ～ 10V（输入电阻 115.7kΩ）
数字输出		12 位 无符号 二进制

项目		规格
软元件分配		SD6020（通道 1 的 A/D 转换后的输入数据） SD6060（通道 2 的 A/D 转换后的输入数据）
输入特性、最大分辨率	数字输出值	0 ~ 4000
	最大分辨率	2.5mV
精度 （相对于数字输出值满刻度的精度）	环境温度 25℃ ±5℃	±0.5% 以内（±20digit）
	环境温度 0 ~ 55℃	±1.0% 以内（±40digit）
	环境温度 −20 ~ 0℃	±1.5% 以内（±60digit）
转换速度		30μs/ 通道（数据更新为每个运算周期）
绝对最大输入		−0.5V、+15V
绝缘方式		与 CPU 模块不绝缘、输入端子间为（通道间）不绝缘
输入输出占用点数		0 点（与 CPU 模块最大输入输出点数无关）
使用端子排		欧式端子排

内置模拟量输出的技术规格如表 5-2 所示，它也是 12bit 的精度，最大值为 4000，对应 10V 模拟量输出。

表 5-2 内置模拟量输出的技术规格

项目		规格
模拟量输出点数		1 点（1 通道）
数字输入		12 位 无符号 二进制
模拟量输出	电压	DC 0 ~ 10V（外部负载电阻 2kΩ ~ 1MΩ）
软元件分配		SD6180（输出设定数据）
输出特性、最大分辨率	数字输入值	0 ~ 4000
	最大分辨率	2.5mV
精度 （相对于模拟量输出值满刻度的精度）	环境温度 25℃ ±5℃	±0.5% 以内（±20digit）
	环境温度 0 ~ 55℃	±1.0% 以内（±40digit）
	环境温度 −20 ~ 0℃	±1.5% 以内（±60digit）
转换速度		30μs/ 通道（数据更新为每个运算周期）
绝缘方式		与 CPU 模块内部不绝缘
输入输出占用点数		0 点（与 CPU 模块最大输入输出点数无关）
使用端子排		欧式端子排

5.1.3 模拟量输入输出接线

如图 5-3 所示，模拟量输入线使用双芯的带屏蔽双绞线电缆，且接线时要与其他动力线或容易受电感影响的线相隔离。对于不使用的通道请将"V □ +"端子和"V−"端子短路。

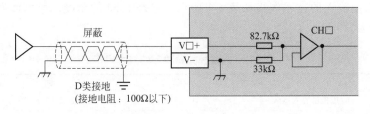

□为模拟量输入通道号1或2

图 5-3 模拟量输入接线

FX5U CPU 模块只支持电压输入，但在 V □ +/V− 端子间连接 250Ω 或 500Ω 电阻（精密电阻 0.5%）后，可以作为电流输入使用，如图 5-4 所示。

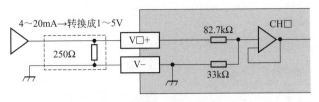

图 5-4　模拟量信号的电流输入

图 5-5 所示为模拟量输出接线，同样使用屏蔽线，且屏蔽线在信号接收侧需进行一点接地。

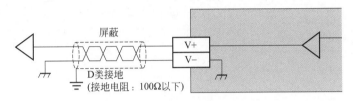

图 5-5　模拟量输出接线

5.1.4　模拟量输入工作原理与参数设置

图 5-6 所示为模拟量输入工作原理，它包括 A/D 转换允许 / 禁止功能、A/D 转换器、比例尺超出检测功能、平均化功能等流程，相应的参数设置如图 5-7 所示。需要注意的是数字输出值和数字运算值并不相同，前者是实施了采样处理或各种平均处理的数字值，后者是通过数字剪辑功能、比例缩放功能、移位功能对数字输出值进行了运算处理的值。

（1）A/D 转换允许 / 禁止设置功能

如图 5-8 所示，按每个通道（即 CH1 和 CH2）设置 A/D 转换允许 / 禁止。通过将不使用的通道设置为转换禁止，可缩短转换处理的时间。也可以通过软元件 SM6021 和 SM6061 的设置来允许或禁止，即设置 0 为允许、1 为禁止，其中 PLC 的缺省参数为禁止。

（2）A/D 转换方式

可按每个通道指定进行 A/D 转换的方式，表 5-3 所示为 A/D 转换的 4 种方式，并能按图 5-9 进行相应的方式设置。

表 5-3　A/D 转换的方式

方式	内容
采样处理	按每个 END 处理对模拟输入进行转换，且每次都进行数字输出的方式
时间平均	按时间对 A/D 转换值进行平均处理，并对该平均值进行数字输出的方式
次数平均	按次数对 A/D 转换值进行平均处理，并对该平均值进行数字输出的方式
移动平均	对按每个 END 处理测定的指定次数的模拟输入进行平均处理，并对该平均值进行数字输出的方式

A/D 转换方式中使用的软元件如表 5-4 所示。其中平均处理指定为：0—采样处理；1—时间平均；2—次数平均；3—移动平均。

129

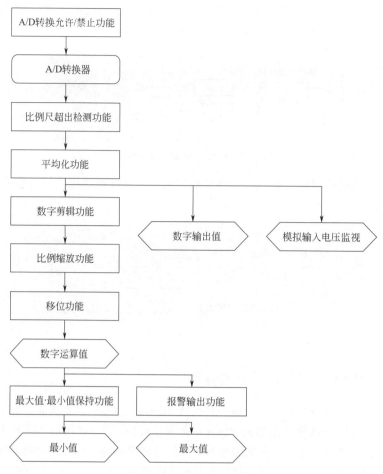

图 5-6　模拟量输入的工作原理

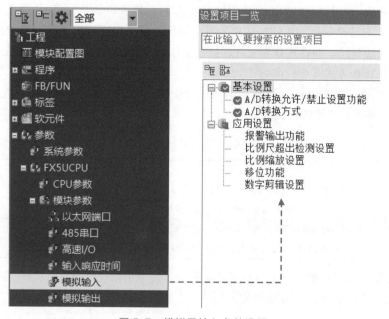

图 5-7　模拟量输入参数设置

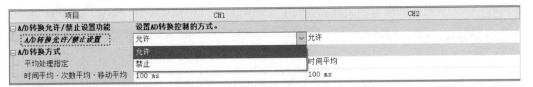

图 5-8　设置 A/D 转换允许 / 禁止

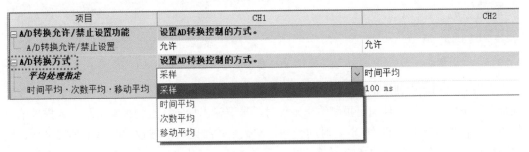

图 5-9　设置 A/D 转换方式

表 5-4　A/D 转换方式中使用的软元件

名称	CH1	CH2
平均处理指定	SD6023	SD6063
平均时间 / 平均次数 / 移动平均设置	SD6024	SD6064

通过平均处理指定（即设置参数为 1 ～ 3 时），可以按表 5-5 所示进行设置时间平均、次数平均、移动平均的数值。其中设置次数为 5 次时的移动平均处理如图 5-10 所示。

表 5-5　参数设置

名称	可设置范围	默认值
时间平均	1 ～ 10000ms	
次数平均	4 ～ 32767 次	0
移动平均	2 ～ 64 次	

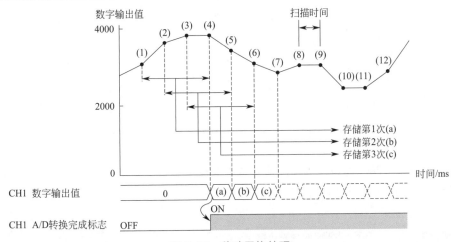

图 5-10　移动平均处理

（3）报警输出功能

数字运算值变为过程报警上上限值以上或过程报警下下限值以下，且在报警输出范围区间内时，与通道对应的报警输出标志为 ON。图 5-11 为 PLC 参数设置一览表，其默认值参数为 0，当启用"允许"功能后，可以设置在 −32768 ～ +32767 内的相应值，其中上上限值≥上下限值≥下上限值≥下下限值。

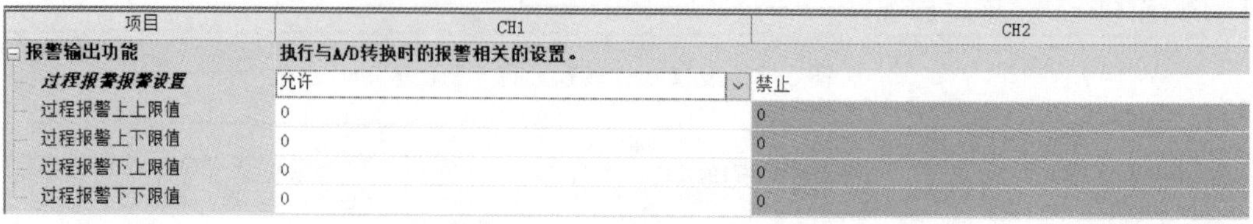

项目	CH1	CH2
报警输出功能	执行与A/D转换时的报警相关的设置。	
过程报警报警设置	允许	禁止
过程报警上上限值	0	0
过程报警上下限值	0	0
过程报警下上限值	0	0
过程报警下下限值	0	0

图 5-11　PLC 参数设置一览表

报警输出功能中使用的软元件如表 5-6 所示。数字运算值为过程报警上上限值以上或过程报警下下限值以下，且满足报警输出条件时，报警输出标志（过程报警上限）或报警输出标志（过程报警下限）将为 ON。时间平均、次数平均指定时，按设置的每个时间平均、次数平均执行本功能。其他的 A/D 转换方式（采样处理、移动平均）指定时，则按每个转换周期执行本功能。报警输出后，数字运算值小于过程报警上下限值或大于过程报警下上限值，且不满足报警输出条件时，报警输出标志（过程报警上限）或报警输出标志（过程报警下限）为 OFF。但是，A/D 转换最新报警代码中存储的报警代码不会被清除。要清除 A/D 转换最新报警代码中存储的报警代码，应在报警输出标志（过程报警上限）及报警输出标志（过程报警下限）全部返回 OFF 后，将 A/D 转换报警清除请求设为 OFF → ON → OFF。此时，A/D 转换报警发生标志也同时 OFF。

表 5-6　报警输出功能中使用的软元件

名称	CH1	CH2
报警输出标志（过程报警上限）	SM6031	SM6071
报警输出标志（过程报警下限）	SM6032	SM6072
报警输出设置（过程报警）	SM6033	SM6073
A/D 转换报警清除请求	SM6057	SM6097
A/D 转换报警发生标志	SM6058	SM6098
过程报警上上限值	SD6031	SD6071
过程报警上下限值	SD6032	SD6072
过程报警下上限值	SD6033	SD6073
过程报警下下限值	SD6034	SD6074
A/D 转换最新报警代码	SD6058	SD6098

（4）比例尺超出检测功能

比例尺超出检测功能是检测超出输入范围的模拟输入值的功能。如图 5-12 所示可以进行比例尺超出检测功能设置启用或禁用。

项目	CH1	CH2
比例尺超出检测	执行与超出设置范围的模拟输入值检测相关的设置。	
比例尺超出检测 启用/禁用	启用 / 启用 / 禁用	启用

图 5-12　比例尺超出检测功能设置

比例尺超出检测功能中使用的软元件如表 5-7 所示。

表 5-7　比例尺超出检测功能中使用的软元件

名称	CH1	CH2
比例尺超出检测标志	SM6022	SM6062
比例尺超出检测启用 / 禁用设置	SM6024	SM6064
A/D 转换报警清除请求	SM6057	SM6097
A/D 转换报警发生标志	SM6058	SM6098
A/D 转换最新报警代码	SD6058	SD6098

（5）比例缩放功能

比例缩放功能是可将数字值的上限值、下限值设置为任意的值并进行缩放转换的功能。如图 5-13 所示是比例缩放设置，其中值可以设置为 –32768 ～ +32767（上限值≠下限值）。在比例缩放上限值中，设置与范围的 A/D 转换值的上限值（4000）对应的值。在比例缩放下限值中，设置与范围的 A/D 转换值的下限值（0）对应的值。

项目	CH1	CH2
□ 比例缩放设置	执行与A/D转换时的比例缩放相关的设置。	
— 比例缩放启用/禁用	启用	禁用
— 比例缩放上限值	0	0
— 比例缩放下限值	0	0

图 5-13　比例缩放设置

使用比例缩放功能根据以下公式进行换算，需要舍去小数点以后的值。

$$比例缩放后的值 = \frac{数字输出值 \times（比例缩放上限值 - 比例缩放下限值）}{4000} + 比例缩放下限值$$

如果要在 –1000 ～ 1000 范围内接收数字值，设置比例缩放的上限值为 1000 和下限值为 –1000 之后的效果如图 5-14 所示。

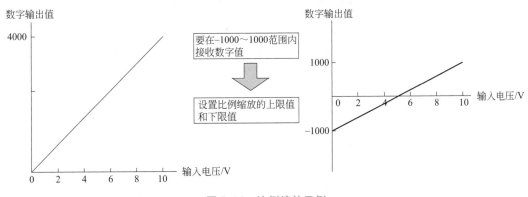

图 5-14　比例缩放示例

（6）移位功能

移位功能是将所设置的转换值移位值加到 A/D 转换值上，并存储为数字运算值的功能。如果更改了转换值移位值，将被实时反映到数字运算值上，因此可轻松地进行系统启动时的微调。移位功能设置如图 5-15 所示，其转换值移位量可以设置为 –32768 ～ +32767，对应的软元件分别为 SD6030（CH1）、SD6070（CH2）。

项目	CH1	CH2
□ **移位功能**	执行与A/D转换时的移位功能相关的设置。	
转换值移位值	0	0

图 5-15　移位功能设置

（7）数字剪辑功能

数字剪辑功能是在输入了超出输入范围的电压时，将 A/D 转换值的最大值固定为 4000、最小值固定为 0 的功能，其设置如图 5-16 所示。对应的数字剪辑启用 / 禁用设置软元件为 SM6029（CH1）、SM6069（CH2）。

项目	CH1	CH2
□ **数字剪辑设置**	执行与A/D转换时的数字剪辑功能相关的设置。	
数字剪辑启用/禁用	启用	禁用
	启用	
	禁用	

图 5-16　数字剪辑功能设置

5.1.5　模拟量输出工作原理与参数设置

模拟量输出工作原理如图 5-17 所示，它是按照数字值、D/A 转换允许 / 禁止功能、移位功能、报警输出功能等流程进行的。图 5-18 所示是 PLC 参数的模拟输出设置。

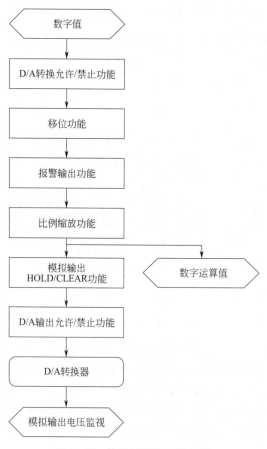

图 5-17　模拟量输出工作原理

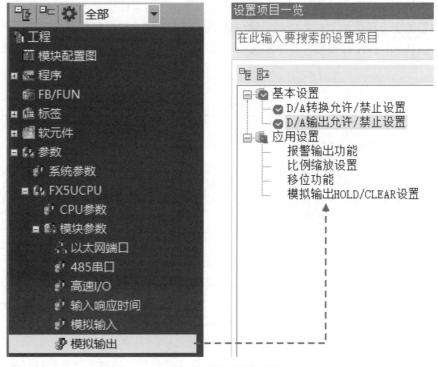

图 5-18 模拟输出设置

（1）D/A 转换允许 / 禁止设置功能

D/A 转换允许 / 禁止设置功能是可按每个通道设置 D/A 转换允许 / 禁止的功能，可以按图 5-19 所示进行设置为"允许"。不使用模拟输出时，通过设置为转换禁止，可缩短转换处理的时间。

项目	CH
□ D/A转换允许/禁止设置	设置D/A转换控制的方式。
D/A转换允许/禁止设置	允许
□ D/A输出允许/禁止设置	设置D/A输出控制的方式。
D/A输出允许/禁止设置	允许

图 5-19 D/A 转换允许 / 禁止设置和 D/A 输出允许 / 禁止设置

（2）D/A 输出允许 / 禁止设置功能

D/A 输出允许 / 禁止设置功能可按每个通道指定是输出 D/A 转换值还是偏置值（HOLD 设定值），可以按图 5-19 所示进行设置为"允许"。

（3）报警输出功能

报警输出功能是按每个通道预先设置的报警输出上限值 / 下限值，进行指定为输出的数字值的检查，并在设置范围外时输出报警的功能。图 5-20 所示为其功能设置。

项目	CH
□ 报警输出功能	执行与D/A转换时的报警相关的设置。
报警输出设置	允许
报警输出上限值	0
报警输出下限值	0

图 5-20 报警输出功能

135

表 5-8 所示报警输出功能软元件。当报警发生后，将数字值更改为小于报警输出上限值或大于报警输出下限值的值时，模拟量输出值即返回正常值，但报警输出上限值标志、报警输出下限值标志、D/A 转换报警发生标志和 D/A 转换最新报警代码中存储的报警代码不会被清除。

表 5-8　报警输出功能软元件

名称	CH1
报警输出上限值标志	SM6191
报警输出下限值标志	SM6192
报警输出设置	SM6193
D/A 转换报警清除请求	SM6217
D/A 转换报警发生标志	SM6218
报警输出上限值	SD6191
报警输出下限值	SD6192
D/A 转换最新报警代码	SD6218

进行报警输出清除的方法为：将数字值设置为小于报警输出上限值或大于报警输出下限值的值后，将 D/A 转换报警清除请求设为 OFF → ON → OFF。

（4）比例缩放功能

比例缩放功能是可将数字值的上限值、下限值设置为任意的值并进行缩放转换的功能，如图 5-21 所示可以将该功能启用并设置好数值。比例缩放功能中使用的软元件如表 5-9 所示。

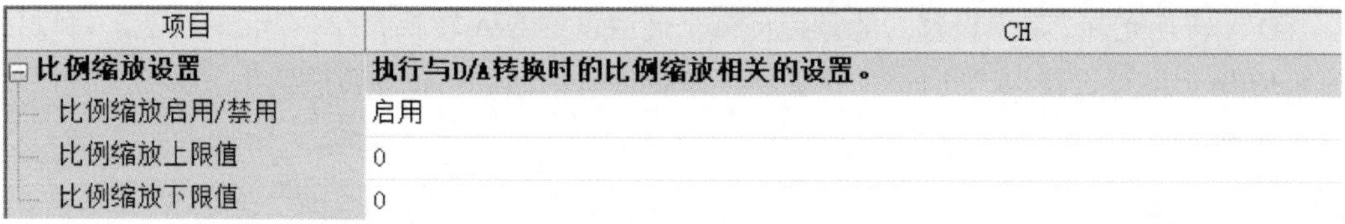

项目	CH
比例缩放设置	执行与D/A转换时的比例缩放相关的设置。
比例缩放启用/禁用	启用
比例缩放上限值	0
比例缩放下限值	0

图 5-21　比例缩放功能

表 5-9　比例缩放功能中使用的软元件

名称	CH1
比例缩放启用 / 禁用设置	SM6188
比例缩放上限值	SD6188
比例缩放下限值	SD6189

比例缩放值的计算方法为：

$$比例缩放后的值 = \frac{4000}{比例缩放上限值 - 比例缩放下限值} \times （数字输入值 - 比例缩放下限值）$$

如果数字输入值要使用 −1000 ～ 1000 范围内的值，对应输出 0 ～ 10V，则使用比例缩放功能后的示例如图 5-22 所示。

（5）移位功能

移位功能就是将所设置的转换值移位值加到数字值上的功能。如果更改了转换值移位值，将被实时反映到数字运算值上，因此可轻松地进行系统启动时的微调。图 5-23 所示为移动功能设置，转换值移位值可以是 −32768 ～ +32767 内的任意数。

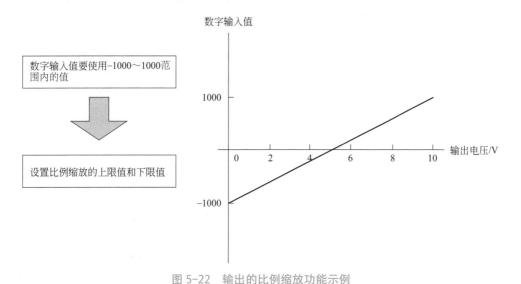

图 5-22　输出的比例缩放功能示例

项目	CH
□ 移位功能	执行与D/A转换时的移位功能相关的设置。
转换值移位值	0

图 5-23　移位功能设置

（6）模拟输出 HOLD/CLEAR 功能

模拟输出 HOLD/CLEAR 功能是根据 CPU 模块的动作状态（RUN、STOP、停止错误），将 D/A 转换的数字值选择为 CLEAR（0）、上次值（保持）或设定值，图 5-24 所示为其功能设置。表 5-10 所示是模拟输出 HOLD/CLEAR 使用的软元件。

项目	CH
□ 模拟输出HOLD/CLEAR 设置	可将D/A转换的数字值设置为CLEAR或将上次值、设定值的任意一个设置为HOLD。
HOLD/CLEAR 设置	设定值 ∨
HOLD设定值	CLEAR
	上次值（保持）
	设定值

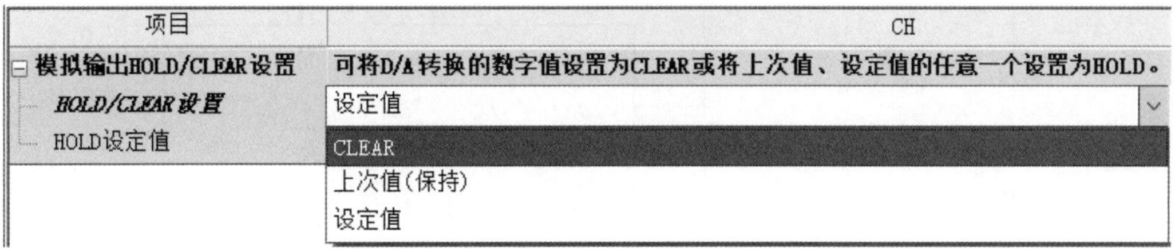

图 5-24　模拟输出 HOLD/CLEAR 功能设置

表 5-10　模拟输出 HOLD/CLEAR 使用的软元件

名称	CH1
D/A 转换允许 / 禁止设置	SM6180
HOLD/CLEAR 功能设置	SD6183
HOLD 时输出设置	SD6184

通过模拟输出 HOLD/CLEAR 功能的设置、D/A 输出允许 / 禁止标志的设置组合，将变为表 5-11 所示的模拟输出状态。

137

表 5-11 不同设置下的模拟输出状态

CPU 模块的状态	D/A 输出允许 / 禁止设置	HOLD/CLEAR 设置	输出状态
RUN	允许	全部设置	移位、比例缩放的值
	禁止	全部设置	0
STOP	允许	CLEAR	0
	允许	上次值（保持）	移位、比例缩放的值
	允许	设置值	输出 HOLD 设定值中所设置的值
	禁止	全部设置	0
PAUSE	允许	全部设置	移位、比例缩放的值
	禁止	全部设置	0
发生无法 RUN 的错误	允许	全部设置	0
	禁止	全部设置	0

5.1.6 内置模拟量应用实例

【 案例 5-1 】电压数据采集并显示

案例要求

用 FX5U 内置模拟量来采集某线路电压数据（200 ～ 250V），要求每 3s
显示在触摸屏上，共 10 个数据，当有新数据采集到的时候，最老的数据则不
再保留。

案例实施

步骤 1：电气接线与 PLC 软元件定义。

PLC 采用三菱 FX5U-32MT/ES，具体电气接线如图 5-25 所示，其中电压数据是由电压
检测端（200 ～ 250V）经电压变送器（规格为 0 ～ 400V/0 ～ 10V）转为模拟量电压信号后
接入 V1+/V- 端。表 5-12 为 PLC 软元件定义。

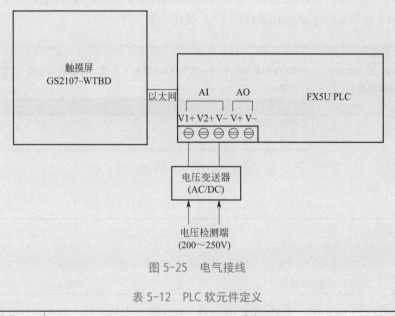

图 5-25 电气接线

表 5-12 PLC 软元件定义

软元件名称	含义
M0	触摸屏启动按钮
M1	触摸屏停止按钮

软元件名称	含义
SD6020	内置模拟量输入1端子
D0～D9	触摸屏显示电压实时数据 （其中 D0 为最新数据，定义为第 n 次；D1 为次新数据，定义为第 $n-1$ 次；依次类推，D9 为最老数据，定义为第 $n-9$ 次）

步骤2：PLC编程。

图5-26所示为梯形图，具体解释如下：

步0—4：触摸屏按钮 M0 和 M1 启动停止 M10；

步8：启动 T0 定时 3s；

步15：每 3s 将数据 D0～D8 整体移至 D10～D18，再将该数据块移动至 D1～D9，然后将模拟量输入1的值 SD6020 送入 D0，最后复位定时器 T0。

图 5-26　梯形图

步骤3：触摸屏画面组态。

图5-27所示是触摸屏画面组态。根据电压变送器的规格（0～400V/0～10V），只需要设置显示的数据具有一个小数点（即整数部位为3位、小数部位为1位），具体如图5-28所示。

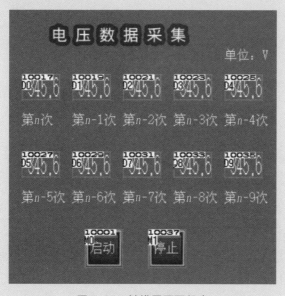

图 5-27　触摸屏画面组态

139

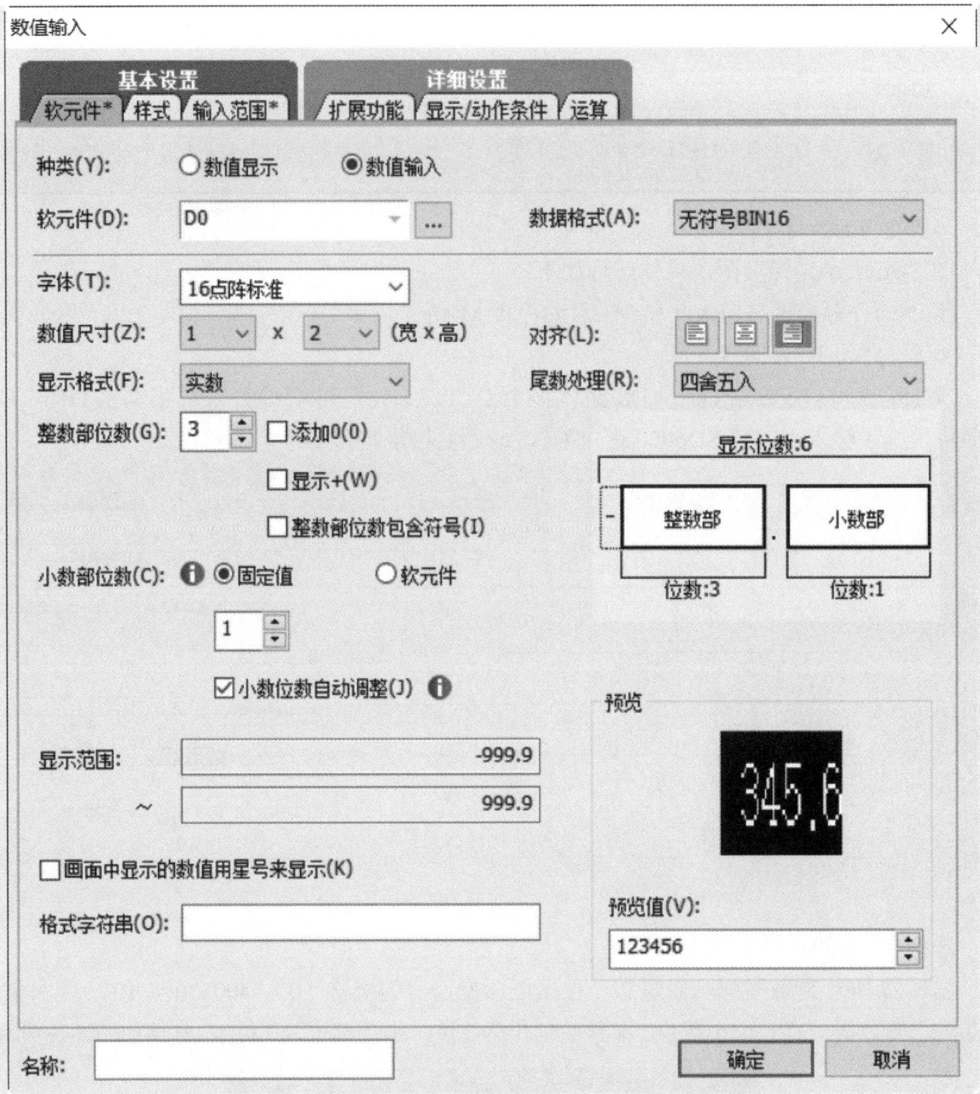

数值输入 ✕

| **基本设置** | | **详细设置** | | |
| 软元件* | 样式 | 输入范围* | 扩展功能 | 显示/动作条件 | 运算 |

种类(Y):　○数值显示　●数值输入

软元件(D):　[D0　　　▼]　[...]　　数据格式(A):　[无符号BIN16　　▼]

字体(T):　[16点阵标准　　▼]

数值尺寸(Z):　[1▼] × [2▼] (宽×高)　　对齐(L):　[▤][▥][▦]

显示格式(F):　[实数　　　▼]　　尾数处理(R):　[四舍五入　　▼]

整数部位数(G):　[3▲▼] □添加0(0)

□显示+(W)

□整数部位数包含符号(I)

小数部位数(C):　ⓘ ●固定值　　○软元件

[1▲▼]

☑小数位数自动调整(J) ⓘ

显示范围:　[　　　　　　　　-999.9]
　　　　～　[　　　　　　　　 999.9]

显示位数:6

| - | 整数部 | . | 小数部 |
| | 位数:3 | | 位数:1 |

预览

345.6

预览值(V):

[123456　　▲▼]

□画面中显示的数值用星号来显示(K)

格式字符串(O):　[　　　　　　　　　]

名称:　[　　　　　　　　　]　　　　　[确定]　[取消]

图 5-28　电压数据显示

步骤 4：调试。

调试结果如图 5-29 和图 5-30 所示分别为第 $n-1$ 次数据和第 n 次数据。

【案例 5-2】　模拟比例缩放功能

案例要求

在触摸屏上设置比例缩放功能的相应参数，比如启用、比例缩放上限值、比例缩放下限值等，与实际 A/D 转换值进行对比。

案例实施

步骤 1：电气接线与 PLC 软元件定义。

PLC 采用三菱 FX5U-32MT/ES，采用模拟量输入 1 来接入 0 ～ 10V 信号，电气接线参考【案例 5-1】。表 5-13 所示为 PLC 软元件定义。

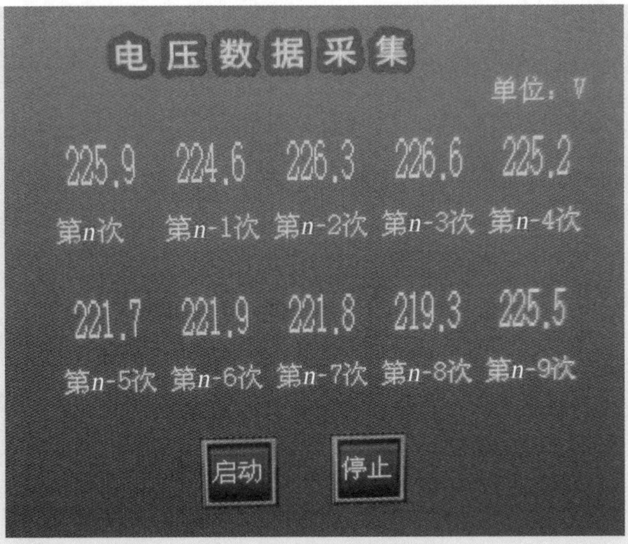

图 5-29　第 n-1 次数据

图 5-30　第 n 次数据

表 5-13　PLC 软元件定义

软元件名称	含义
M0	触摸屏重设按钮
SD6020	内置模拟量输入 1 端子
SD6021	内置模拟量输入 1 数字量输出值
D0	输入电压值（0～10V）
D2	经比例缩放后的数字输出值
D3	触摸屏设定的比例缩放上限值
D4	触摸屏设定的比例缩放下限值
D5	A/D 转换值

步骤 2: PLC 编程。

图 5-31 所示为 PLC 编程的梯形图，具体解释如下：

步 0: 初始化 D3 和 D4；

步 12—33: 按以下步骤进行比例缩放设定，即第一步将比例缩放启用 / 禁用设置为禁用，其中禁用 SM6028=0，第二步设置比例缩放上限值 / 比例缩放下限值，即将 D3 和 D4 进行传送，第三步将比例缩放启用 / 禁用设置为启用，这里采用 T0 定时器进行控制；

步 52: 当按下"重设"按钮后，复位定时器 T0。

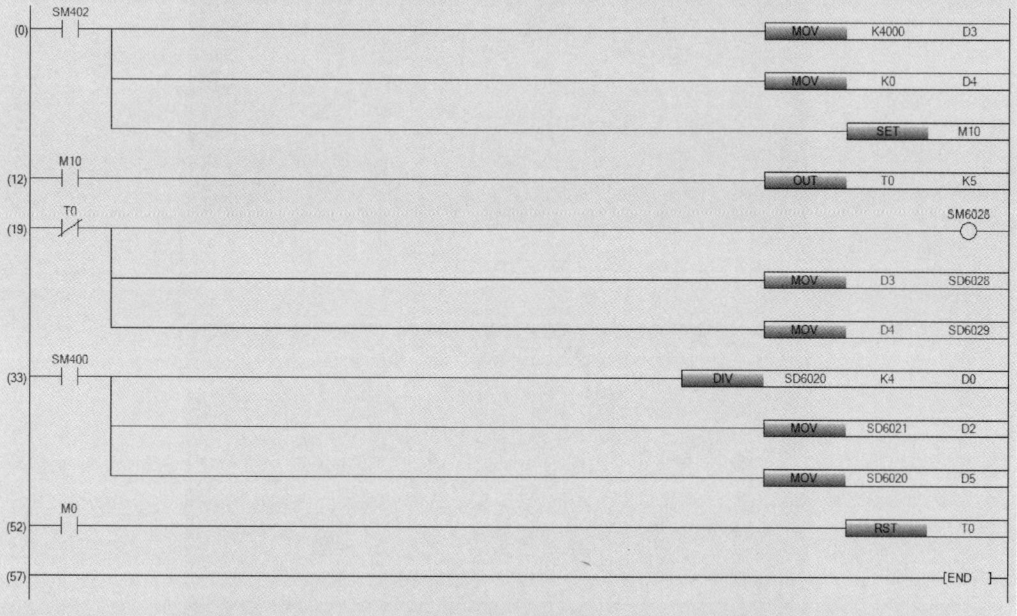

(0)	SM402 ⊢⊢			MOV	K4000	D3
				MOV	K0	D4
				SET	M10
(12)	M10 ⊢⊢			OUT	T0	K5
(19)	T0 ⊣/⊢					SM6028 ◯
				MOV	D3	SD6028
				MOV	D4	SD6029
(33)	SM400 ⊢⊢		DIV	SD6020	K4	D0
				MOV	SD6021	D2
				MOV	SD6020	D5
(52)	M0 ⊢⊢				RST	T0
(57)						[END]

图 5-31　梯形图

步骤 3: 触摸屏组态。

图 5-32 所示为触摸屏组态。

图 5-32　触摸屏组态

步骤 4：调试。

图 5-33 所示为输入电压为 7.72V 时的 A/D 转换值是 3090，缺省的缩放上限值是 4000、下限值是 0，因此数字输出值为 3090，与 A/D 转换值相同。现在将上限值改为 1000、下限值不变仍为 0，点击"重设"按钮后，如图 5-34 所示，数字输出值为 773，符合缩放比例。

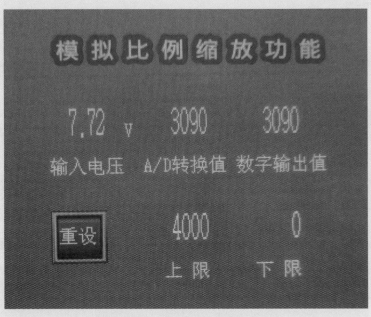

图 5-33　缺省的比例缩放值

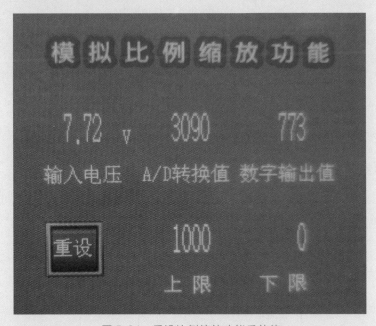

图 5-34　重设比例缩放功能后的值

在实际设置过程中，需要注意当上限值与下限值相同时，CPU 会报警错误，如图 5-35 所示。因此也可以在程序中进行完善。

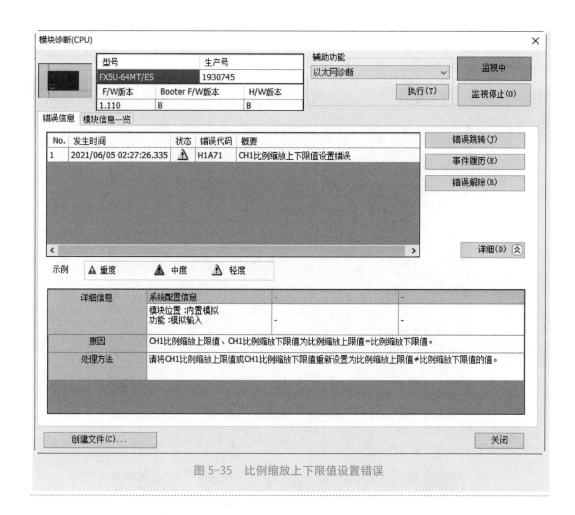

图 5-35　比例缩放上下限值设置错误

5.2　模拟量模块

5.2.1　模拟量模块的扩展

在很多工业现场中，PLC 要连接的模拟量信号可能会远远超出内置模拟量的数量，此时必须以图 5-36 所示的方式进行扩展，共有 2 种方式：一种是输出模块，另外一种是左边的扩展适配器。

图 5-36　模拟量模块的扩展

表 5-14 所示是模拟量输出模块的技术规格，该类型的输出模块又称智能模块。

表 5-14　模拟量输出模块的技术规格

型号	功能	输入输出占用点数
FX5-4AD	4 通道 电压输入 / 电流输入	8 点
FX5-4DA	4 通道 电压输出 / 电流输出	8 点
FX5-8AD	8 通道 电压输入 / 电流输入 / 热电偶输入 / 测温电阻体输入	8 点
FX5-4LC	4 通道 温度调节（热电偶 / 测温电阻体 / 低电压） 4 点电流检测器输入 4 点晶体管输出	8 点

模拟量扩展适配器是用于扩展模拟量功能的适配器，连接在 CPU 模块左侧，它不占用输入输出点数，具体技术规格如表 5-15 所示。

表 5-15　模拟量扩展适配器的技术规格

型号	功能	输入输出占用点数
FX5-4AD-ADP	4 通道电压输入 / 电流输入	—
FX5-4DA-ADP	4 通道电压输出 / 电流输出	—
FX5-4AD-PT-ADP	4 通道测温电阻输入	—
FX5-4AD-TC-ADP	4 通道热电偶输入	—

5.2.2　FX5-4AD模块

（1）外观与接线

图 5-37 所示为 FX5-4AD 的外观及接线端子。

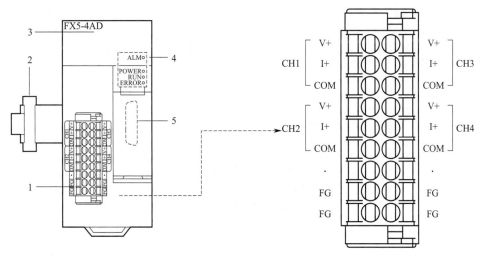

图 5-37　FX5-4AD 的外观及接线端子

1—端子排（弹簧夹端子排）；2—扩展电缆；3—直接安装孔；4—动作状态显示 LED；5— 次段扩展连接器

表 5-16 所示为 FX5-4AD 的技术详情，显然比 FX5U 内置的模拟量分辨率要大大增加，数字输出值为 16 位带符号二进制（-32768 ～ +32767）。而且该模块可以接电压和电流信号。

表 5-16　FX5-4AD 的技术详情

模拟输入范围		数字输出值	分辨率
电压	0 ～ 10V	0 ～ 32000	312.5μV
	0 ～ 5V	0 ～ 32000	156.25μV
	1 ～ 5V	0 ～ 32000	125μV
	−10 ～ +10V	−32000 ～ +32000	312.5μV
	用户范围设置	−32000 ～ +32000	125μV
电流	0 ～ 20mA	0 ～ 32000	625nA
	4 ～ 20mA	0 ～ 32000	500nA
	−20 ～ +20mA	−32000 ～ +32000	625nA
	用户范围设置	−32000 ～ +32000	500nA

（2）配置与参数设置

对于扩展模块来说，首先需要将该模块直接拖到图 5-38 所示的模块配置图中，完成后的配置如图 5-39 所示。

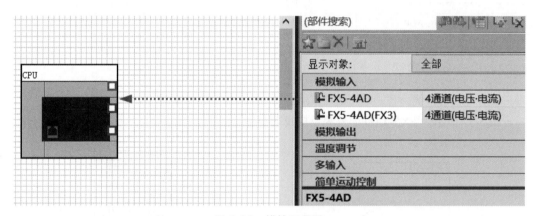

图 5-38　模块配置图

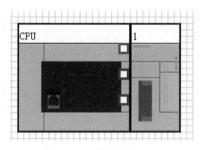

图 5-39　配置完成后

双击该模块，即可出现图 5-40 所示的模块 FX5-4AD 的设置项目，该项目内容也比内置模拟量模块的设置项目要丰富得多。再按照图 5-41 所示的模拟量输入功能的处理流程进行。

滤波功能是 FX5-4AD 的先进功能之一，如图 5-42 所示，在原来内置模拟量功能的基础上新增了"一次延迟滤波器"和"数字滤波器"。

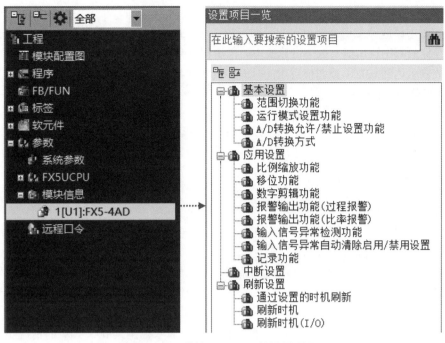

图 5-40　模块 FX5-4AD 的设置项目

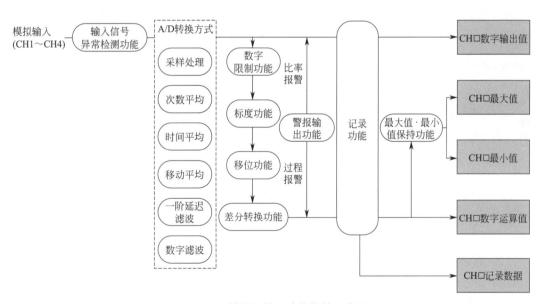

图 5-41　模拟量输入功能的处理流程

项目	CH1	CH2	CH3	CH4
A/D转换方式	设置A/D转换控制的方式。			
平均处理指定	一次延迟滤波器	采样处理	采样处理	采样处理
平均时间/平均次数/移动平均/一次延迟滤波	采样处理 / 0	0	0	0
数字滤波器设置	时间平均 / 0 digit	0 digit	0 digit	0 digit
数字滤波器变动幅度设置	次数平均 / 0 μs	0 μs	0 μs	0 μs
	移动平均			
	一次延迟滤波器			
	数字滤波器			

图 5-42　平均处理指定参数设定

1) 一次延迟滤波器

一次延迟滤波器是根据所设置的时间常数，对模拟输入的瞬态噪声进行平滑处理并数字输出，存储到数字输出值及数字运算值中。平滑程度会随时间常数（单位：s）的设置而变化。时间常数表示达到 63.2% 稳态值所用的时间。时间常数和数字输出值的关系式如下所示。

$n=1$ 的情况下：$Y_n=0$

$n=2$ 的情况下：$Y_n=X_{n-1}+\dfrac{\Delta t}{\Delta t+T_A}(X_n-X_{n-1})$

$n \geqslant 3$ 的情况下：$Y_n=Y_{n-1}+\dfrac{\Delta t}{\Delta t+T_A}(X_n-Y_{n-1})$

式中　　Y_n——当前的数字输出值；

Y_{n-1}——前一数字输出值；

n——采样次数；

X_n——平滑处理前的数字输出值；

X_{n-1}——前一平滑处理前的数字输出值；

Δt——转换时间；

T_A——时间常数。

模拟输入值发生 0 → 1V 变化时的数字输出值，输入范围为 0 ~ 10V 的情况下，转换周期 × 一阶延迟滤波常数（时间常数）为 40ms 时的数字输出值的变化如图 5-43 所示。从图中可以看出，从模拟输入值变为 1V 起，40ms 后达到采样处理选择时的数字输出值的 63.2%。

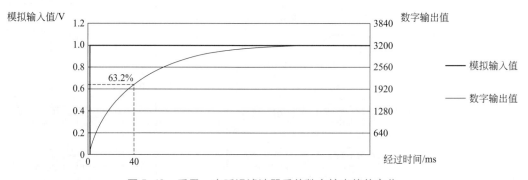

图 5-43　采用一次延迟滤波器后的数字输出值的变化

2）数字滤波器

通过使用数字滤波，可以去除小于数字滤波设置值的模拟输入值的变动。数字输出值、数字滤波设置值和模拟输入值的关系如下所示。

① 数字滤波设置值＞模拟输入值的变动：模拟输入值的变动小于数字滤波设置值时，将去除变动后的转换值存储到数字输出值中。但是，小于数字滤波设置值的变动范围需要满足以下运算式。

小于数字滤波设置值的变动范围＜（转换周期 ×10 次）

② 数字滤波设置值≤模拟输入值的变动：当模拟输入值的变动在数字滤波设置值以上时，将追随模拟输入值而变化的转换值存储到数字输出值以及数字运算值中。

图 5-44 所示是采用数字滤波器后的数字输出值的变化。

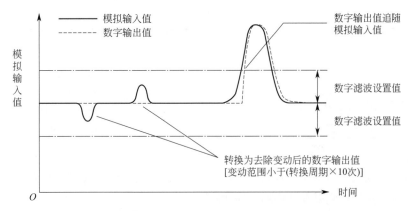

图 5-44　采用数字滤波器后的数字输出值的变化

5.2.3　FX5-4DA模块

（1）接线与技术规格

FX5-4DA 型模拟输出模块是将 4 点数字值转换成模拟输出（电压、电流）的智能功能模块，它可扩展到 FX5 CPU 模块上，输出 4 通道的电压 / 电流。图 5-45 所示为 FX5-4DA 接入 FX5U PLC 的情况。该模块的输出与 FX5-4AD 的输入范围、分辨率等一致，具体如表 5-17 所示。

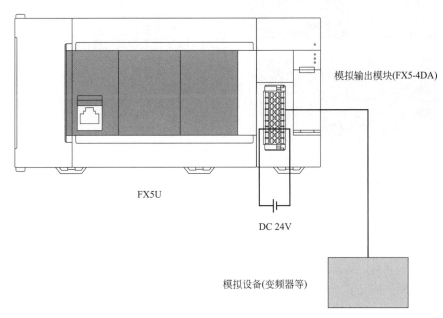

图 5-45　FX5-4DA 接入 FX5U PLC 的情况

表 5-17　FX5-4DA 的技术详情

输出范围设置	数字输入范围
4 ～ 20mA	0 ～ 32000
0 ～ 20mA	0 ～ 32000
1 ～ 5V	0 ～ 32000

续表

输出范围设置	数字输入范围
0 ～ 5V	0 ～ 32000
−10 ～ +10V	−32000 ～ +32000
0 ～ 10V	0 ～ 32000
用户范围设置（电压）	−32000 ～ +32000
用户范围设置（电流）	−32000 ～ +32000

（2）设置项目

图 5-46 所示是添加了 FX5-4DA 之后的设置项目，比内置模拟量输出增加了更多的功能，比如比率控制、断线检测以及波形输出等功能。

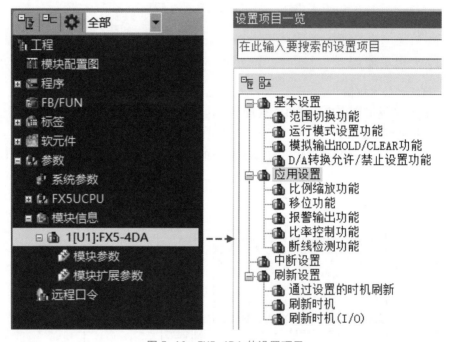

图 5-46　FX5-4DA 的设置项目

（3）波形输出功能

波形输出功能可以将事先准备的波形数据（数字输入值）登录到模拟输出模块中，按设置的转换周期连续地模拟输出。进行压力机或注塑成型机等的模拟（转矩）控制时，自动输出事先登录到模拟输出模块中的控制波形，和利用程序创建的情况相比，能够更加快速、流畅地进行控制。并且，只需事先将波形数据登录到模拟输出模块便能进行控制，在开展线路控制等重复控制的情况下，无需程序便能实现控制，减少了创建程序的工时。

图 5-47 所示是将输出模式设置为"波形输出模式"，图 5-48 所示是波形输出示意。

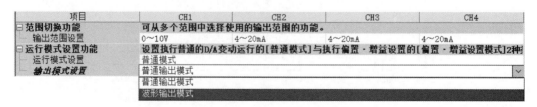

图 5-47　波形输出模式设置

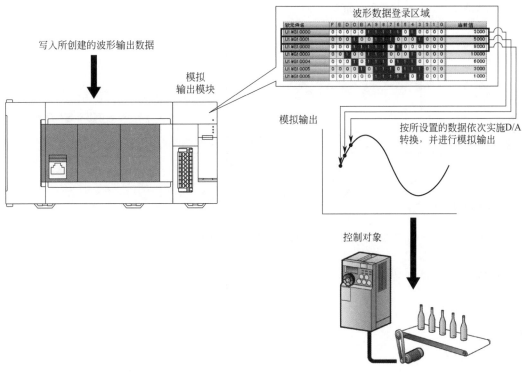

图 5-48　波形输出示意

（4）断线检测功能

断线检测功能可以监视模拟输出值，检测断线。本功能仅在模拟输出范围为 4～20mA、0～20mA 或用户范围设置（电流）的情况下有效。

断线检测自动清除有效 / 无效设置（Un\G304）无效时的动作如图 5-49 所示。断线检测自动清除有效 / 无效设置（Un\G304）有效时的动作如图 5-50 所示。

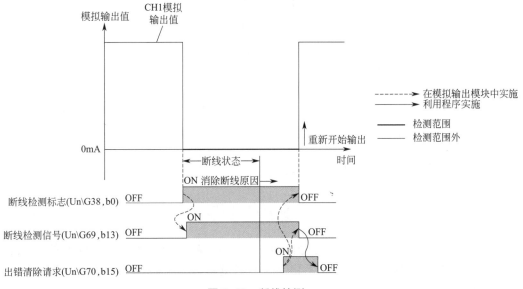

图 5-49　断线检测一

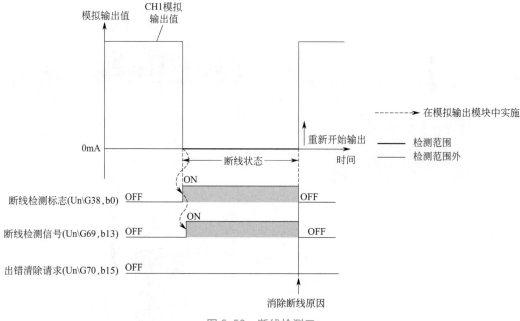

图 5-50　断线检测二

5.3　PID控制编程

5.3.1　PID控制定义

PID 控制是过程控制中应用得十分普遍的一种控制方式，它是使控制系统的被控物理量能够迅速而准确地无限接近于控制目标的基本手段。

在连续控制系统中，模拟 PID 的控制规律形式为

$$u(t) = K_P \left[e(t) + \frac{1}{T_I} \int e(t)\, \mathrm{d}t + T_D \frac{\mathrm{d}e(t)}{\mathrm{d}t} \right] \tag{5-1}$$

式中，$e(t)$ 为偏差输入函数；$u(t)$ 为调节器输出函数；K_P 为比例系数；T_I 为积分时间常数；T_D 为微分时间常数。

由于式（5-1）为模拟量表达式，而 PLC 程序只能处理离散数字量，因此，必须将连续形式的微分方程化成离散形式的差分方程，即

$$u(k) = K_P \left[e(k) + \frac{1}{T_I} \sum_{i=0}^{k} Te(k-i) + T_D \frac{e(k)-e(k-1)}{T} \right] \tag{5-2}$$

式中，T 为采样周期；k 为采样序号，$i=0$，1，2，$\cdots k$；$u(k)$ 为采样时刻 k 时的输出值；$e(k)$ 为采样时刻 k 时的偏差值；$e(k-1)$ 为采样时刻 $k-1$ 时的偏差值；K_P 为比例系数；T_I 为积分时间常数；T_D 为微分时间常数。

PID 控制的解释如下：比例运算（P）是指输出控制量与偏差的比例关系；积分运算（I）

的目的是消除静差，只要偏差存在，积分作用将控制量向使偏差消除的方向移动；比例作用和积分作用是对控制结果的修正动作，响应较慢，微分作用（D）是为了消除此缺点而补充的，微分作用根据偏差产生的速度对输出量进行修正，使控制过程尽快恢复到原来的控制状态，微分时间是表示微分作用强度的单位。

图 5-51 所示是 PID 控制示意。

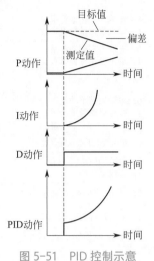

图 5-51　PID 控制示意

与一般的以转速为控制对象的变频系统不同，涉及流体工艺的控制系统通常都是以流量、压力、温度、液位等工艺参数为控制量，实现恒量或变量控制，这就需要控制器（如PLC）工作于 PID 方式下，按照工艺参数的变化趋势来调节泵或风机的转速。

5.3.2　FX5U的PID指令

FX5U 的 PID 指令为 指令输入─┤├─ PID (s1) (s2) (s3) (d) ，其中（s1）对应目标值（SV），（s2）对应测定值（PV），（s3）对应参数，（d）对应输出值（MV）。表 5-18 所示为PID 操作数设置详情。

表 5-18　PID 操作数设置详情

操作数	内容	范围	数据类型
（s1）	存储目标值（SV）的软元件编号	−32768 ～ +32767	有符号 BIN16 位
（s2）	存储测量值（PV）的软元件编号	−32768 ～ +32767	有符号 BIN16 位
（s3）	存储参数的软元件编号	1 ～ 32767	有符号 BIN16 位
（d）	存储输出值（MV）的软元件编号	−32768 ～ +32767	有符号 BIN16 位

PID 控制功能随时对 SV 和 PV 进行比较，根据两者的差值，利用（s3）中的比例 P、积分 I、微分 D 参数对被控物理量进行调整，输出 MV，直至 SV 和 PV 基本相等，达到预定的控制目标为止。

表 5-19 所示为（s3）参数设置详情。需要注意的是：不使用自整定的情况下，从（s3）中指定的软元件开始占用 25 点的软元件；自整定（极限循环法）的情况下，从（s3）中指定的软元件开始占用 29 点的软元件；自整定（阶跃响应法）的情况下，当（s3）+1 的 b8 置

为 ON 或 OFF 时，从（s3）中指定的软元件开始占用软元件点数不同。

表 5-19 （s3）参数设置详情

设置项目			设置内容 / 设置范围	备注
（s3）	采样时间（TS）		1 ～ 32767 [ms]	不能以短于运算周期的值执行
（s3）+1	动作设置（ACT）	b0	0：正动作 1：反动作	动作方向
		b1	0：无输入变化量警报 1：输入变化量警报有效	—
		b2	0：无输出变化量警报 1：输出变化量警报有效	请勿将 b2 和 b5 同时置为 ON
		b3	不可使用	—
		b4	0：自动调谐不动作 1：执行自动调谐	—
		b5	0：无输出值上下限设置 1：输出值上下限设置有效	请勿将 b2 和 b5 同时置为 ON
		b6	0：阶跃响应法 1：极限循环法	选择自动调谐的模式
		b7	0：无过冲抑制处理（FX3U 兼容） 1：有过冲抑制处理	b8 为 ON 时，振动抑制处理动作
		b8	0：无振动抑制处理（FX3U 兼容） 1：有振动抑制处理	b4 为 ON，b6 为 OFF 时启用 b8 为 ON 时，振动抑制处理动作
		b9 ～ b15	不可使用	—
（s3）+2	输入滤波常数（α）		0 ～ 99 [%]	0 时无输入滤波
（s3）+3	比例增益（KP）		1 ～ 32767 [%]	—
（s3）+4	积分时间（TI）		0 ～ 32767 [×100ms]	0 时则作为 ∞ 处理（无积分）
（s3）+5	微分增益（KD）		0 ～ 100 [%]	0 时无微分增益
（s3）+6	微分时间（TD）		0 ～ 32767 [×10ms]	0 时无微分
（s3）+7 ⋮ （s3）+19	被 PID 运算的内部处理占用。请勿更改数据			
（s3）+20	输入变化量（增侧）警报设置值		0 ～ 32767	动作方向（ACT）：（s3）+1、b1=1 时有效
（s3）+21	输入变化量（减侧）警报设置值		0 ～ 32767	动作方向（ACT）：（s3）+1、b1=1 时有效
（s3）+22	输出变化量（增侧）警报设置值		0 ～ 32767	动作方向（ACT）：（s3）+1、b2=1、b5=0 时有效
	输出上限设置值		−32768 ～ +32767	动作方向（ACT）：（s3）+1、b2=0、b5=1 时有效
（s3）+23	输出变化量（减侧）警报设置值		0 ～ 32767	动作方向（ACT）：（s3）+1、b2=1、b5=0 时有效
	输出下限设置值		−32768 ～ +32767	动作方向（ACT）：（s3）+1、b2=0、b5=1 时有效
（s3）+24	警报输出	b0	0：输入变化量（增侧）未溢出 1：输入变化量（增侧）溢出	动 作 方 向（ACT）：（s3）+1、b1=1 或 b2=1 时有效
		b1	0：输入变化量（减侧）未溢出 1：输入变化量（减侧）溢出	
		b2	0：输出变化量（增侧）未溢出 1：输出变化量（增侧）溢出	
		b3	0：输出变化量（减侧）未溢出 1：输出变化量（减侧）溢出	

■使用极限循环法时［操作设置（ACT）：（s3）+1，B6=1 时］需要以下设置

设置项目		设置内容 / 设置范围	备注
（s3）+25	PV 值临界（滞后）宽度（SHPV）	根据测定值（PV）的变化进行设置	使用极限循环法时需要进行设置，动作方向（ACT）b6：ON 时
（s3）+26	输出值上限（ULV）	输出值（MV）的最大输出值（ULV）设置	
（s3）+27	输出值下限（LLV）	输出值（MV）的最小输出值（LLV）设置	
（s3）+28	从调谐周期结束到开始 PID 控制为止的等待设置参数（KW）	−50 ～ +32717［%］	

■在使用阶跃响应法下最大倾斜后超时时间［操作设置（ACT）：（s3）+1，b6=0，b8=1 时］时需要以下设置

（s3）+25	检测出最大倾斜（R）后超时时间设定值	1 ～ 32767［s］	操作设置（ACT）：（s3）+1，b4=1，b6=0，b8=1 时有效
（s3）+26（s3）+27	被 PID 运算的内部处理占用。请勿更改数据		

对参数的详细内容进行如下说明。

（1）采样时间（s3）

采样时间设置用于 PID 运算的周期（ms）。设置范围应为 1 ～ 32767ms。当 PID 控制和自动调谐（极限循环法）时，设置为可编程控制器的运算周期＜采样时间；当自动调谐（阶跃响应法）时，设置为 1000ms（1s）以上。

（2）动作设置（s3）+1

动作设置如表 5-20 所示。

表 5-20　动作设置

动作设置		动作
正动作（b0=OFF）	相较于目标值（SV），输出值（MV）会增加到测定值（PV）增加的程度。例如，制冷为正动作	
反动作（b0=ON）	相较于目标值（SV），输出值（MV）会增加到测定值（PV）减少的程度。例如，制暖为反动作	

正动作 / 反动作与输出值（MV）、测定值（PV）、目标值（SV）的关系如图 5-52 所示。

（3）比例增益（s3）+3

输出值（MV）将按比例动作与偏差［目标值（SV）与测定值（PV）的差］成比例增加。该比例称为比例增益（KP），表达为以下关系式：

输出值（MV）= 比例增益（KP）× 偏差（EV）

比例增益的设置范围应为 1% ～ 32767%。比例增益（KP）的倒数称为比例带。

图 5-53 所示为反动作（制暖）时的比例动作（P 动作），图 5-54 所示为正动作（制冷）时的比例动作（P 动作），在采用 KP1、KP2 和 KP3 三种不同数值时对温度和输出值的影响。可以得出如下结论：比例增益（KP）越大，测定值（PV）向目标值（SV）靠近的趋势越强。

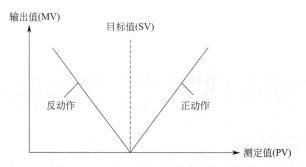

图 5-52　正动作 / 反动作与其他参数的关系

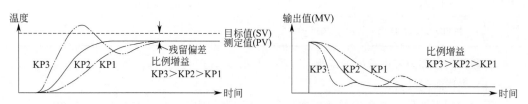

图 5-53　反动作（制暖）时的比例动作（P 动作）

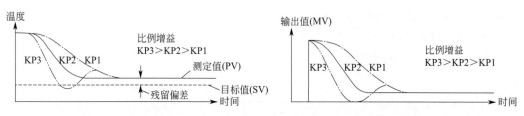

图 5-54　正动作（制冷）时的比例动作（P 动作）

（4）积分时间（s3）+4

积分动作中产生偏差后从积分动作的输出变为比例动作的输出为止的时间称为积分时间，用 TI 表示。减小 TI，积分动作会变强。积分时间的设置范围应为 0 ~ 32767（×100ms）。但是，为 0 时则作为∞处理（即无积分）。

积分动作是为了消除持续产生的偏差而改变输出的动作，可消除比例动作中产生的残留偏差。图 5-55 所示是对偏差实施积分或比例积分动作时的输出示意。

图 5-56 所示为反动作（制暖）时的 PI 动作。

（5）微分增益（s3）+5

微分增益（KD）指对微分动作的输出加载滤波。微分增益（KD）的设置范围应为 0 ~ 100%。微分增益（KD）仅对微分动作有影响。减小微分增益（KD），将对外部干扰等引起的测定值（PV）变化瞬时限定并进行输出响应。增大微分增益（KD），将对外部干扰等引起的测定值（PV）变化进行长时间响应。

（6）微分时间（s3）+6

微分时间（TD）用于对外部干扰等引起的测定值（PV）的变动做出敏感反应，将变动控制在最小范围内。微分时间（TD）的设置范围应为 0 ~ 32767（×10ms）。增大微分时间（TD），则防止因外部干扰等引起控制对象大幅变动的趋势增强。图 5-57 所示是微分时间对输出值的影响。

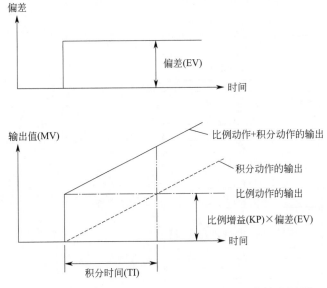

图 5-55　对偏差实施积分或比例积分动作时的输出示意

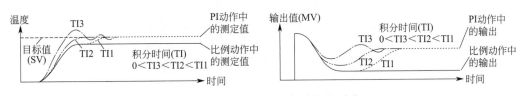

图 5-56　反动作（制暖）时的 PI 动作

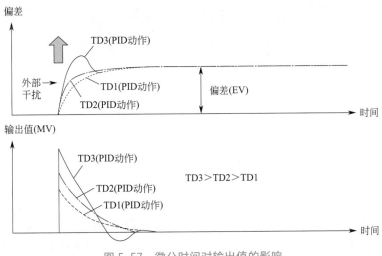

图 5-57　微分时间对输出值的影响

5.3.3　PID控制校准过程

图 5-58 所示为 PID 的控制校准过程。

157

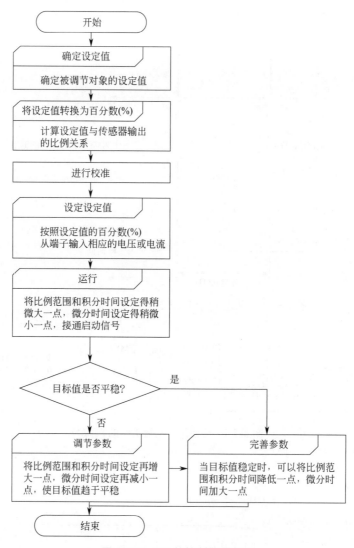

图 5-58　PID 的控制校准过程

5.3.4　PID控制编程实例

【案例 5-3】FX5U 采用 PID 调节阀控制流量

案例要求

调节阀用于调节介质的流量、压力和液位。根据调节部位信号，自动控制阀门的开度，从而达到介质相应工艺参数的调节。图 5-59 所示为 FX5U 采用 PID 调节阀控制流量示意图，要求调节流量为 87.5% 满刻度，请设计相应的电气图并编程。

案例实施

步骤 1：电气接线与 PLC 软元件定义。

图 5-60 所示为调节阀 PID 控制的电气接线图，采用内置模拟量输入和输出，分别与压力传感器和调节阀相连。

表 5-21 所示为 PLC 软元件定义。

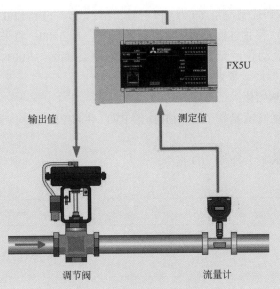

FX5U

输出值　　　　　　测定值

调节阀　　　　　　流量计

图 5-59　调节阀控制流量示意图

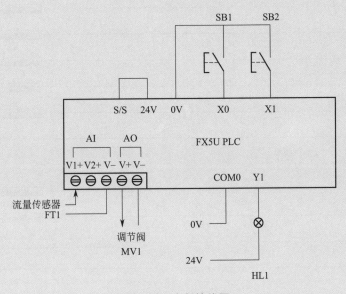

SB1　SB2

S/S　24V　0V　X0　X1

AI　AO　FX5U PLC

V1+ V2+ V−　V+ V−

流量传感器
FT1

调节阀
MV1

COM0　Y1

0V

24V

HL1

图 5-60　电气接线图

表 5-21　PLC 软元件定义

PLC 软元件	名称
X0	SB1/ 启动按钮
X1	SB2/ 停止按钮
Y0	HL1/PID 运行指示
SD6020	FT1/ 流量传感器信号
SD6180	MV1/ 阀门开度

步骤 2：PLC 编程。

梯形图编程如图 5-61 所示。具体解释如下：

159

步 0—4：启停按钮控制，当 Y0 为 ON 时输出指示灯，并控制 PID 动作；

步 8：初始化时，将目标值设置为 87.5% 满刻度，即 3500；将采样时间设置为 200ms，将动作方向设置为反动作，无输入滤波，将比例增益设置为 100%，将积分时间设置为 500×100ms，将微分时间设置为 100×10ms；

步 42：PID 输出初始化；

步 49：处理内置模拟量输入作为 PID 的 PV，并将 PID 的 MV 输出内置模拟量的输出口；

步 61：当 Y0=ON 时，驱动 PID 指令。

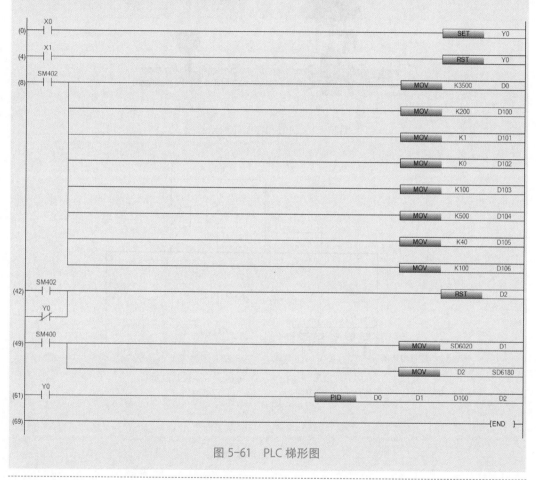

图 5-61　PLC 梯形图

【案例 5-4】FX5U 采用 PID 控制温度加热器

案例要求

采用 FX5U-32MT/ES 来控制某罐体的加热，确保加热器处于温度 PID 控制之下稳定运行。

案例实施

步骤 1：电气接线与软元件定义。

图 5-62 所示为电气接线图，即通过选择开关 SA1 来控制温度 PID，加热器 HEATER1 由输出信号 Y1 来控制，温度信号来自 PT1 经过变送器（热电偶／电压）后直接接入 FX5U 内置模拟量输入 1。PLC 软元件定义如表 5-22 所示。

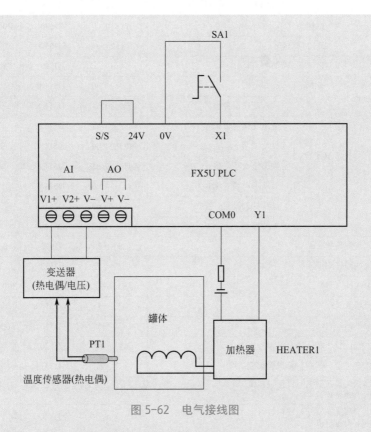

图 5-62　电气接线图

表 5-22　PLC 软元件定义

软元件名称	含义
X1	SA1/PID 启动信号
Y1	HEATER1/ 加热器控制
SD6020	V1+/V 温度信号

步骤 2：梯形图编程。

由于输出为开关量，因此，可以将 PID 的 MV（即 D502）作为图 5-63 所示的占空比数值来控制加热器 Y1 的开与关。

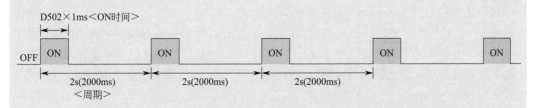

图 5-63　PID 控制时的 Y1 动作示意

表 5-23 所示是软元件及参数设置。

161

表 5-23　软元件及参数设置

项目				软元件	参数设置
目标值（SV）			（s1）	D500	2000（即 200.0℃）
测定值（PV）			（s2）	SD6300	根据输入值
参数	采样时间（TS）		（s3）	D510	500（500ms）
	动作设置（ACT）	动作方向	（s3）+1 b0	D511.0	1（反动作）
		输入变化量警报	（s3）+1 b1	D511.1	0（无警报）
		输出变化量警报	（s3）+1 b2	D511.2	0（无警报）
		自动调谐	（s3）+1 b4	D511.4	0（不执行 AT）
		输出值上下限值	（s3）+1 b5	D511.5	1（有设置）
		自动调谐模式选择	（s3）+1 b6	D511.6	不使用
		过冲抑制设定	（s3）+1 b7	D511.7	1（使用）
		振动抑制设定	（s3）+1 b8	D511.8	不使用
	输入滤波常数（α）		（s3）+2	D512	0（无输入滤波）
	比例增益（KP）		（s3）+3	D513	3000（3000%）
	积分时间（TI）		（s3）+4	D514	2000（2000×100ms）
	微分增益（KD）		（s3）+5	D515	0（无微分增益）
	微分时间（TD）		（s3）+6	D516	5000（5000×10ms）
	输入变化量（增侧）警报设置值		（s3）+20	D530	不使用
	输入变化量（减侧）警报设置值		（s3）+21	D531	不使用
	输出变化量（增侧）警报设置值 输出上限设置值		（s3）+22	D532	200（2s）
	输出变化量（减侧）警报设置值 输出下限设置值		（s3）+23	D533	0（0s）
	警报输出	输入变化量（增侧）溢出	（s3）+24 b0	D534.0	不使用
		输入变化量（减侧）溢出	（s3）+24 b1	D534.1	不使用
		输出变化量（增侧）溢出	（s3）+24 b2	D534.2	不使用
		输出变化量（减侧）溢出	（s3）+24 b3	D534.3	不使用
	PV 值临界（滞后）宽度（SHPV）		（s3）+25	D535	—
	输出值上限（ULV）		（s3）+26	D536	—
	输出值下限（LLV）		（s3）+27	D537	—
	从调谐周期结束到 PID 控制开始为止的等待设置参数（KW）		（s3）+28	D538	—
输出值（MV）			（d）	D502	根据运算

梯形图编程如图 5-64 所示。具体解释如下：

步 0：初始化时，将目标值设置为 200℃，将采样时间设置为 500ms，将动作方向设置为反动作，将输出值上下限设置为有效，使用过冲抑制设定，将输出值上限设置为 2s，将输出值下限设置为 0s，将比例增益设置为 3000%，将积分时间设置为 2000×100ms，将微分时间设置为 5000×10ms；

步 36：PID 输出初始化；

步 43：PID 指令驱动；

步 56—70：将加热器动作周期设置为 2000ms 后进行 PID 输出控制。

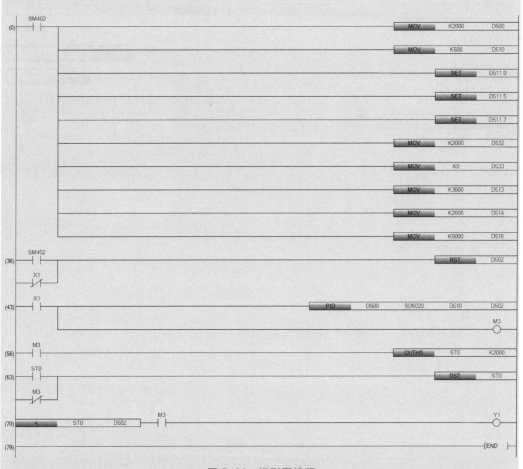

图 5-64　梯形图编程

步骤3：调试。

分两种情况进行测试，当实际温度远低于设定温度时，如实际温度为 167.1℃，此时 PID 输出值（MV）较大，即 D502=1332，此时加热器 Y1 的输出时间较长；当实际温度超过设定温度时，如实际温度为 244℃，此时 PID 输出值（MV）较小，即 D502=482，此时加热器 Y1 的输出时间较短。具体数值如图 5-65 和图 5-66 所示。

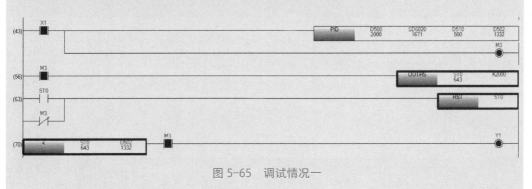

图 5-65　调试情况一

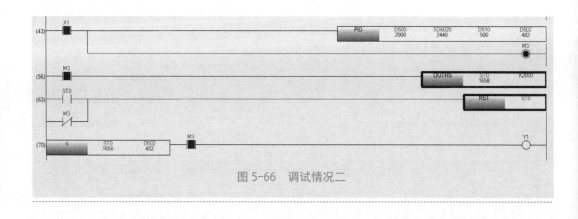

图 5-66 调试情况二

第 **6** 章

三菱PLC控制变频器

变频器广泛应用于设备的调速与节能控制，采用PLC控制变频器可以有多种连接方式，如开关量连接、模拟量连接和通信连接。三菱FX5U PLC可以输出运行指令，连接到具有机械触点的或电子触点的变频器输入端子上，来控制变频器的启停或多段速控制。PLC还可以输出模拟量信号到变频器来控制速度，同时接收模拟量信号来获取变频器实时速度或电流电压信号。基于RS485的内置通信端口，FX5U可以实现多种形式的通信功能，包括自由协议、专用协议和MODBUS协议。

6.1　PLC控制通用变频器的硬件结构

6.1.1　PLC与变频器之间的开关量连接

变频器的输入信号中包括对运行 / 停止、正转 / 反转、微动等运行状态进行操作的开关型指令信号。变频器通常利用继电器接点或具有继电器接点开关特性的元器件（如晶体管）与 PLC 相连，得到运行状态指令，如图 6-1 所示。

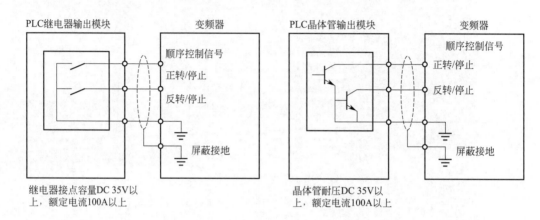

图 6-1　运行信号的连接方式

在使用继电器接点时，常常因为接触不良而带来误动作；使用晶体管进行连接时，则需考虑晶体管本身的电压、电流容量等因素，保证系统的可靠性。

在设计变频器的输入信号电路时还应该注意，当输入信号电路连接不当时，有时也会造成变频器的误动作。例如，当输入信号电路采用继电器等感性负载时，继电器开关产生的浪涌电流带来的噪声有可能引起变频器的误动作，应尽量避免。图 6-2 与图 6-3（a）给出了正确与错误的接线例子。当输入开关信号进入变频器时，有时会发生外部电源和变频器控制电源（DC 24V）之间的串扰。正确的连接是利用 PLC 电源，将外部晶体管的集电极经过二极管接到 PLC，如图 6-3（b）所示。

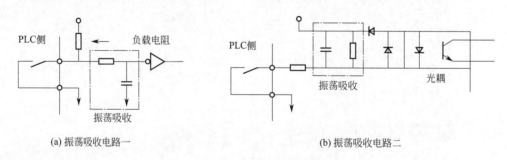

(a) 振荡吸收电路一　　　　　　　　　(b) 振荡吸收电路二

图 6-2　变频器输入信号接入方式

6.1.2　PLC与变频器之间的模拟量连接

变频器中存在一些数值型（如频率、电压等）指令信号的输入，可分为数字输入和模拟

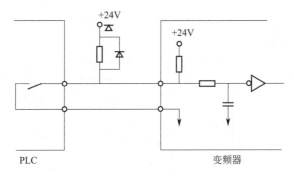

(a) 输入信号的错误接法

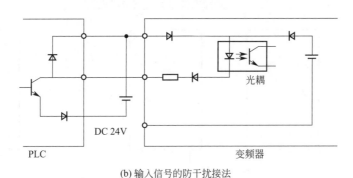

(b) 输入信号的防干扰接法

图 6-3　输入信号的错误接法和防干扰接法

输入两种。数字输入多采用变频器面板上的键盘操作和串行接口来给定；模拟输入则通过接线端子由外部给定，通常通过 0～5V/10V 的电压信号或 0/4～20mA 的电流信号输入。由于接口电路因输入信号而异，因此必须根据变频器的输入阻抗选择 PLC 的输出模块。

当变频器和 PLC 的电压信号范围不同时，如变频器的输入信号为 0～10V，而 PLC 的输出电压信号范围为 0～5V 时；或 PLC 一侧的输出信号电压范围为 0～10V，而变频器的输入电压信号范围为 0～5V 时，由于变频器和晶体管的允许电压、电流等因素的限制，需用串联接入限流电阻的方式及分压方式，以保证进行开关时不超过 PLC 和变频器相应的容量。此外，在连线时还应注意将布线分开，保证主电路一侧的噪声不传到控制电路。

通常变频器也通过接线端子向外部输出相应的监测模拟信号。电信号的范围通常为 0～5V/10V 及 0/4～20mA 电流信号。无论哪种情况，都应注意：PLC 一侧的输入阻抗的大小要保证电路中的电压和电流不超过电路的允许值，以保证系统的可靠性和减少误差。

模拟数值信号输入的优点是程序编制简单、调速曲线连续平滑、工作稳定。图 6-4 所示为 PLC 的模拟量输出模块输出 0～10V 电压信号或 4～20mA 电流信号来控制变频器的输出频率。缺点是在大规模生产线中，控制电缆较长，尤其是 D/A 模块采用电压信号输出时，线路上有较大的电压降，影响了系统的稳定性和可靠性。

6.1.3　PLC与变频器之间的串口通信连接

变频器与 PLC 之间通过串口通信方式（比如 RS485、RS422 等）实施控制的方案得到广泛的应用，它具有抗干扰能力强、传输速率高、传输距离远且造价低廉的优点，如图 6-5 所示。

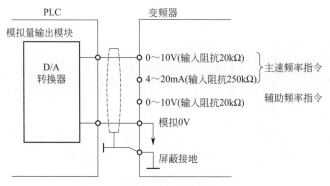

图 6-4　变频器模拟数值信号的输入

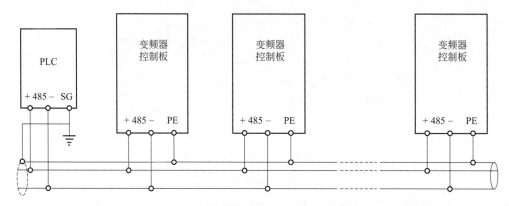

图 6-5　变频 PLC 控制系统的通信 RS485 方式

　　RS485 的通信必须解决数据编码、求取校验和、成帧、发送数据、接收数据的奇偶校验、超时处理和出错重发等一系列技术问题。一条简单的变频器操作指令，有时要编写数十条 PLC 梯形图指令才能实现，编程工作量大而且烦琐，令设计者望而生畏。

　　随着数字技术的发展和计算机日益广泛的应用，现在一个系统往往由多台计算机组成，需要解决多站、远距离通信的问题。在要求通信距离为几十米到上千米时，广泛采用 RS485 收发器。RS485 收发器采用平衡发送和差分接收，因此具有抑制共模干扰的能力，加上接收器具有高的灵敏度，能检测低至 200mV 的电压，故传输信号能在千米以外得到恢复。使用 RS485 总线，一对双绞线就能实现多站联网，构成分布式系统，设备简单、价格低廉、能进行长距离通信的优点使其得到了广泛的应用。

　　变频 PLC 控制系统必须注意下述问题。

　　（1）RS485 接地问题

　　仅仅用一对双绞线将各个接口的 A、B 端连接起来，而不对 RS485 通信链路的信号接地，在某些情况下也可以工作，但给系统埋下了隐患。RS485 接口采用差分方式传输信号并不需要对某个参照点来检测信号系统，只需检测两线之间的电位差就可以了。但应该注意的是收发器只有在共模电压不超出一定范围（−7 ～ +12V）的条件下才能正常工作。当共模电压超出此范围，就会影响通信的可靠性，直至损坏接口。

　　（2）RS485 的总线结构及传输距离

　　RS485 支持半双工或全双工模式。网络拓扑一般采用终端匹配的总线型结构，不支持环形或星形网络，最好采用一条总线将各个节点串接起来。从总线到每个节点的引出线长度应尽量短，以便使引出线中的反射信号对总线信号的影响最低。在使用 RS485 接口时，对于特定的传输线径，从发生器到负载，其数据信号传输所允许的最大电缆长度是数据信号速率的函数，这个长度数据主要是受信号失真及噪声等影响所限制。当数据信号速率降低到 90kbit/s 以下时，假定最大允许的信号损失为 6dBV 时，则电缆长度被限制在 1200m。实际上，在使用时完全可以取得比它大的电缆长度。当使用不同线径的电缆时，取得的最大电缆长度是不相同的。

6.2 PLC通过开关量与模拟量控制变频器

6.2.1 三菱PLC与三菱变频器之间的信号连接

（1）变频器输出信号到 PLC 端

通常情况下，三菱 700 系列变频器可以输出 RUN 信号到 PLC 端，此时变频器与 PLC 的连接分两种情况，即 PLC 为漏型时，如图 6-6 所示；PLC 为源型时，如图 6-7 所示。

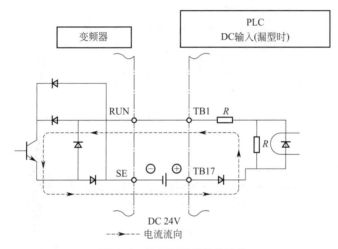

图 6-6　PLC 为漏型时的接线

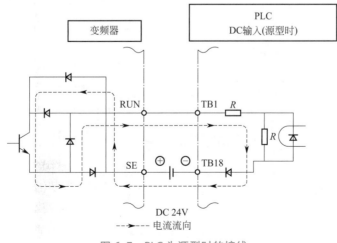

图 6-7　PLC 为源型时的接线

（2）PLC 输出信号到变频器端

当 PLC（MR 型或 MT 型）的输出端、COM 端直接与变频器的 STF（正转启动）、RH（高速）、RM（中速）、RL（低速）、SD 等端口分别相连时，PLC 就可以通过程序控制变频器的启动、停止、复位，也可以控制变频器高速、中速、低速端子的不同组合，实现多段速度运行。此时，PLC 的开关输出量一般可以与变频器的开关量输入端直接相连。

1）漏型逻辑

端子 PC 作为公共端端子时按图 6-8 所示进行接线。变频器的 SD 端子请勿与外部电源的 0V 端子连接。把端子 PC—SD 间作为 DC 24V 电源使用时，变频器的外部不可以设置并联的电源。否则有可能会因漏电流而导致误动作。

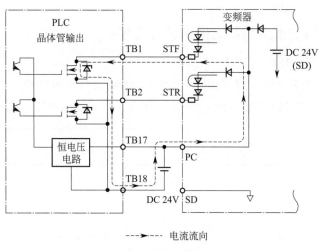

图 6-8　漏型逻辑

2）源型逻辑

端子 SD 作为公共端端子时按图 6-9 所示进行接线。变频器的 PC 端子请勿与外部电源的 +24V 端子连接。把端子 PC—SD 间作为 DC 24V 电源使用时，变频器的外部不可以设置并联的电源。否则有可能会因漏电流而导致误动作。

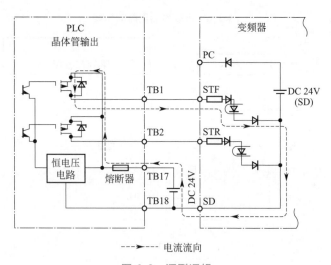

图 6-9　源型逻辑

6.2.2 PLC控制变频器实例

【 案例 6-1 】三菱 PLC 控制变频器电机正反转

案例要求

通过 FX5U PLC 控制三菱 E740 变频器带动电动机正转、反转和停止。第一次按下按钮 SB1 时，电动机正转运行；第二次按下该按钮时，电动机停止运行；第三次按下该按钮时，电动机反转运行；第四次按下该按钮时，电动机停止运行。这是一个循环。当再次按下该按钮时，按照以上步骤重复进行。

案例实施

步骤 1：电气接线与输入输出定义。

按照图 6-10 所示的接线图完成变频器与三菱 FX5U PLC 的接线。表 6-1 所示为输入 / 输出元件及其功能。

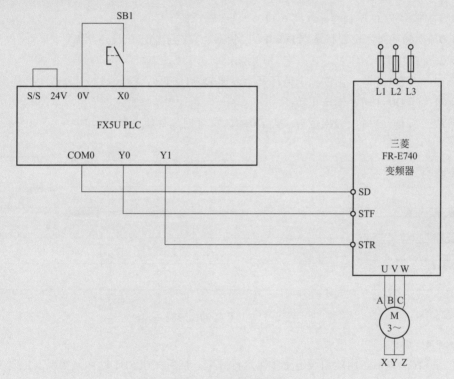

图 6-10　电气接线图

表 6-1　输入 / 输出元件及其功能

说明	PLC 软元件	名称	控制功能
输入	X0	SB1	启动控制
输出	Y0	STF	变频器正转端子
	Y1	STR	变频器反转端子

步骤 2：变频器参数设置。

闭合变频器电源开关，按照表 6-2 设置 E740 变频器参数。

表 6-2 E740 变频器参数表

变频器参数	出厂值	设定值	功能说明
Pr.1	50	50	上限频率（50Hz）
Pr.2	0	0	下限频率（0Hz）
Pr.7	5	10	加速时间（10s）
Pr.8	5	10	减速时间（10s）
Pr.9	0	1.0	电子过电流保护
Pr.160	9999	0	扩展功能显示选择
Pr.79	0	3	操作模式选择
Pr.178	60	60	STF 正向启动信号
Pr.179	61	61	STR 反向启动信号

注意：设置参数前先将变频器参数复位为工厂的缺省设定值。

步骤 3：PLC 编程。

按要求编写 PLC 控制程序（图 6-11），具体解释如下：

步 0：初始化时，设置状态字 D0=0，该状态字决定了输出正反转功能；

步 6：按钮 SB1 动作时，状态字 D0 累加；

步 13：当 D0=5 时，新的一个循环开始，即 D0=1（正转）；

步 21：当 D0=1 时，输出正转；

步 27：当 D0=3 时，输出反转；当 D0=0、2、4 时，停机。

图 6-11 PLC 控制梯形图

步骤 4：调试。

控制系统上电后，用旋钮设定变频器运行频率，然后按钮 SB1 动作，实现既定要求。

【案例 6-2】基于 PLC 与变频器的风机节能改造

案例要求

某公司有五台设备共用一台主电动机为 7.5kW 的吸尘风机，用来吸取电锯工作时产生的锯屑。不同设备对风量的需求区别不是很大，但设备运转时电锯并非一直工作，而是根据不同的工序投入运行。原方案是采用电位器调节风量，如果哪一台设备的电锯要工作时就按一下按钮，打开相应的风口，然后根据效果调节电位器控制三菱 E740 变频器的速度以得到适当的风量。但工人在操作过程中经常忘记调节，甚至直接将变频器的输出调节到 50Hz，造成资源的浪费和设备的损耗。现需要对该设备进行 PLC 改造，根据各个机台电锯工作的信息对投入工作的电锯台数进行判断，根据判断，相应的输出点动作控制变频器的多段速端子，实现五段速控制，具体如表 6-3 所示。

表 6-3　运行电锯台数与变频器输出频率对应值

运行电锯台数	对应变频器输出频率 /Hz	运行电锯台数	对应变频器输出频率 /Hz
1	25	4	46
2	34	5	50
3	41		

请根据要求进行电气硬件设计、PLC 软件编程和变频器参数设置。

案例实施

步骤 1：电气接线与输入输出定义。

PLC 采用三菱 FX5U-32MT/ES，在本案例中用电锯工作时控制接触器的一对辅助触点直接控制阀门，一对辅助触点来作为 PLC 的输入（即 X0 ～ X4），具体 PLC 接线如图 6-12 所示。KM1 ～ KM5 表示设备 1 ～ 5 的电锯工作信号，SB1 为启动按钮，SB2 为停止按钮。表 6-4 所示为输入 / 输出元件及其功能。

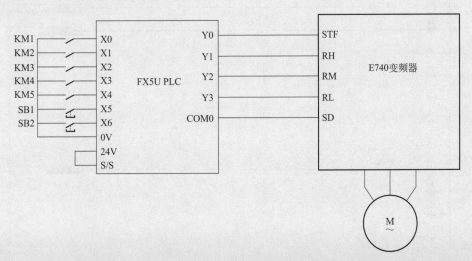

图 6-12　基于 PLC 与变频器的风机节能改造电气线路图

表 6-4　输入 / 输出元件及其功能

说明	PLC 软元件	名称	控制功能
输入	X0 ～ X4	KM1 ～ KM5/ 接触器	电锯工作状态信息
	X5	SB1/ 启动按钮	变频器启动
	X6	SB2/ 停止按钮	变频器停止
输出	Y0	STF/ 正转	电动机正转
	Y1 ～ Y3	RH、RM、RL/ 高、中、低速	多段速组合

步骤 2：变频器参数设置。

变频器选用 E700 系列中的 7.5kW E740 变频器，根据多段速控制的需要和风机运行的特点，参数设置如下：

① Pr.79=2，为外部端子控制；

② 五段速设定，需要注意这些速度的组合如表 6-5 所示。

表6-5　多段速端子和速度端组合表

速度段	1速	2速	3速	4速	5速
控制端子	RL	RM	RH	RL,RM	RL,RH,RM
设定参数	Pr.6=25Hz	Pr.5=34Hz	Pr.4=41Hz	Pr.24=46Hz	Pr.27=50Hz

步骤 3：PLC 程序编制。

程序编制如图 6-13 所示，具体解释如下：

步 0：初始化时，将多段速编号 D0 设为 0；

步 6—10：按钮信号 X5 和 X6 用于变频器 STF 端子（Y0）的启动和停止；

步 14—41：当其中检测到设备 1 ~ 5 的电锯工作信号 KM1 ~ KM5（即 X0 ~ X4）的上升沿信号，就将多段速编号 D0 数值 +1；检测到该信号的下降沿信号，就将 D0 数值 −1；

步 64—88：将 D0 信号分解为速度 1 ~ 5，并落实到输出 Y1 ~ Y3。

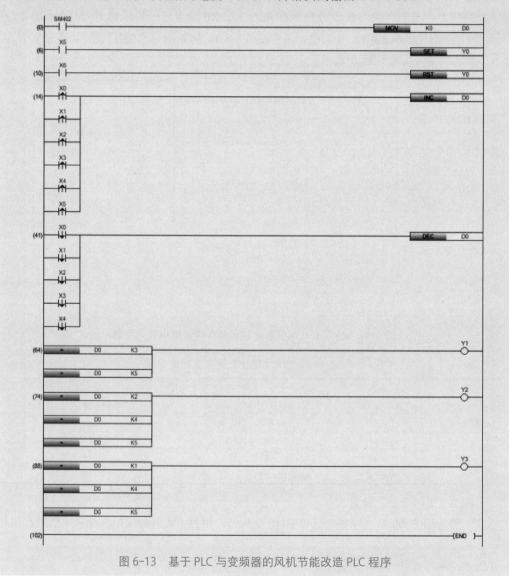

图 6-13　基于 PLC 与变频器的风机节能改造 PLC 程序

【案例 6-3】PLC 通过模拟量控制变频器的运行速度

案例要求

某变频器 PLC 控制系统采用就地和触摸屏控制，通过转换开关进行切换，其中就地为电位器模拟量控制和按钮启停，触摸屏控制可以设置启停和转速（0 ～ 1500r/min）。请设计电气线路并编程。

案例实施

步骤 1：输入输出定义与电气接线。

图 6-14 所示为电气控制示意图，其中 FX5U 的模拟量输入 AI（即端子 V1+ 和 V–）外接电位器 RP，模拟量输出 AO（即端子 V+ 和 V–）外接变频器 E740 的模拟量端子 2 和 5。

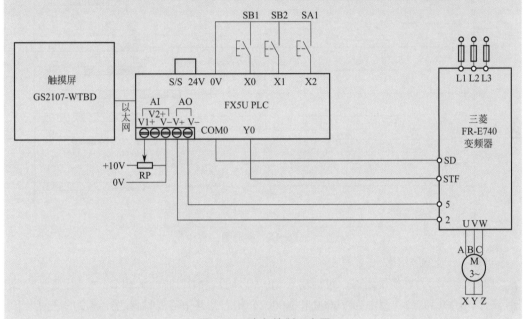

图 6-14　电气控制示意图

FX5U PLC 的数字量输入 / 输出元件定义如表 6-6 所示。

表 6-6　输入 / 输出元件定义

输入	功能	输出	功能
X0	启动按钮 SB1	Y0	STF（变频器端子）
X1	停止按钮 SB2	V+	2（变频器端子）
X2	选择开关 SA1（ON：选择就地电位器信号；OFF：选择触摸屏设置信号）		
V1+	电位器 RP		

步骤 2：变频器参数设置。

主要设置外部控制，即 Pr.79=2，Pr.73=0（端子 2 输入 0~10V）。

步骤 3：PLC 程序编写。

图 6-15 所示为本案例的 PLC 梯形图，具体说明如下：

步 0—11：根据选择开关 SA1（即 X2）的 ON 或 OFF 来启停 Y0，控制变频器运行或停止；

步 22：当就地控制时（即 X2 为 ON 时），将电位器的值（SD6020）直接送至模拟量输出（SD6180）；

步36：当触摸屏控制时（即 X2 为 OFF 时），将触摸屏设定值的转速值进行运算后送至模拟量输出（SD6180），这里的运算规则是 1500r/min 对应 10V（即 4000），也可以根据实际情况进行调整；

步54：当选择开关 SA1（即 X2）转换时，变频器停止运行；

步64：当变频器停止运行时，模拟量输出为 0。

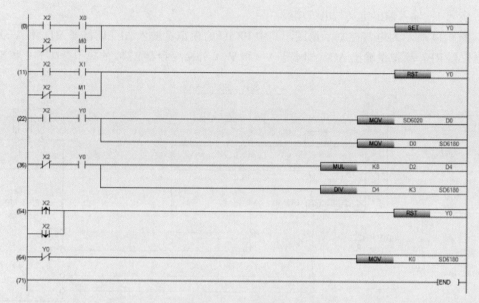

图 6-15 梯形图

步骤 4：触摸屏组态。

图 6-16 所示为触摸屏组态，包括输入 M0（启动）、M1（停止）和 D2（运行速度），输出运行信号 Y0 和 X2（图中为 Y0000 和 X0002）状态。其中需要设置运行速度的区间为 [0, 1500], 具体如图 6-17 所示。

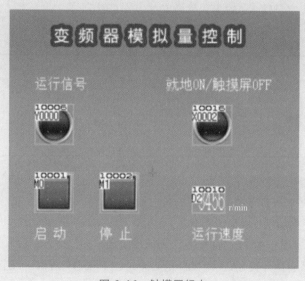

图 6-16 触摸屏组态

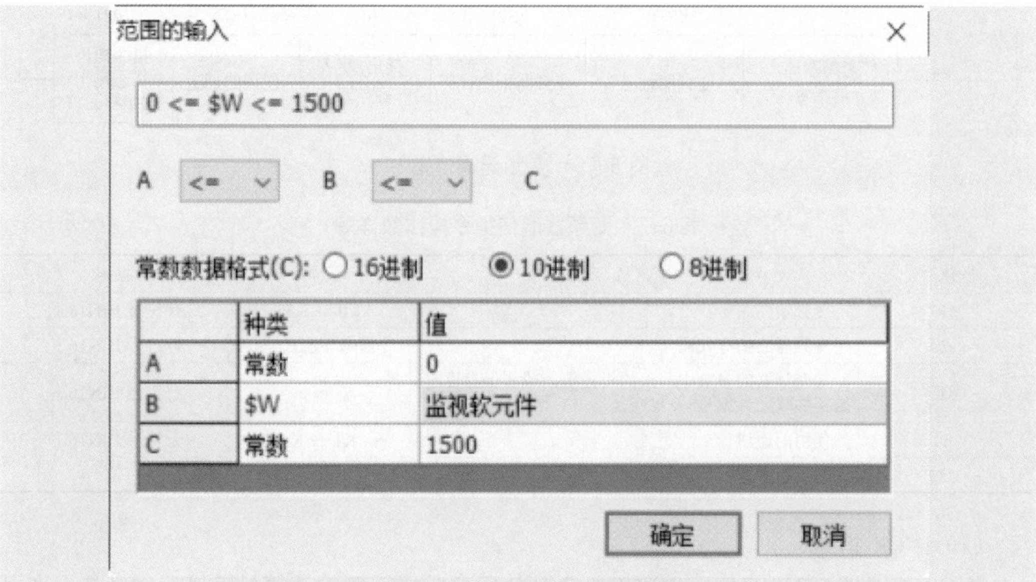

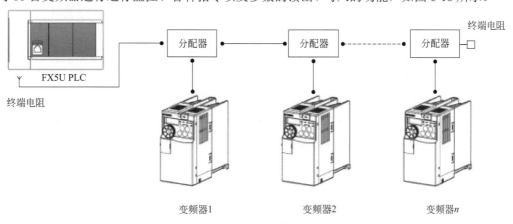

图 6-17 运行速度区间值设定

6.3 PLC通过通信控制变频器

6.3.1 变频器通信硬件电路与指令

变频器通信功能就是以 RS485 通信方式连接 FX5U 可编程控制器与变频器，最多可以对 16 台变频器进行运行监控、各种指令以及参数的读出 / 写入的功能，如图 6-18 所示。

图 6-18 PLC 与变频器通信线路

FX5U PLC 与三菱 700 系列、800 系列变频器的通信可以采用三菱专用协议和专用指令，常用的专用指令有 IVCK 变换器的运转监视、IVDR 变频器的运行控制、IVRD 变频器的参数读取、IVWR 变频器的参数写入、IVBWR 变频器的参数成批写入、IVMC 变频器的多个命令等。在图 6-19 所示的指令格式中，操作数详解如表 6-7 所示。

177

图 6-19　变频器通信指令

表 6-7　变频器通信指令操作数详解

操作数	内容	范围	数据类型
（s1）	变频器的站号	K0 ~ K31	有符号 BIN16 位
（s2）	变频器的指令代码	参考相应代码	有符号 BIN16 位
（d1）	向变频器的参数中写入的设定值，或者保存设定数据的软元件编号	—	有符号 BIN16 位
（n）	使用的通道	K1 ~ K4	无符号 BIN16 位
（d2）	输出指令执行状态的起始位软元件	—	位

（1）IVCK 指令

IVCK 指令即 INVERTER CHECK，它是使用变频器一侧的计算机链接运行功能，在可编程控制器中读出变频器运行状态。针对该指令的变频器常用指令代码如表 6-8 所示。

表 6-8　IVCK 指令代码及其功能

变频器的指令代码	读出的内容
H7B	运行模式
H6F	输出频率［速度］
H70	输出电流
H71	输出电压
H72	特殊监控
H73	特殊监控选择号
H74	故障内容
H75	故障内容
H76	故障内容
H77	故障内容
H79	变频器状态监控（扩展）
H7A	变频器状态监控
H6E	读取设定频率（EEPROM）
H6D	读取设定频率（RAM）

表 6-9 所示是 H7A 指令代码内容含义示例。

表 6-9　H7A 指令代码内容含义示例

项目	命令代码	位长	内容	示例
变频器状态监视器	H7A	8bit	b0：RUN（变频器运行中） b1：正转中 b2：反转中 b3：SU（频率到达） b4：0L（过载） b5：— b6：FU（频率检测） b7：ABC（异常）	［例 1］　H02···正转中 b7　　　　　　　　　b0 0 0 0 0 0 0 1 0 ［例 2］　H80···因发生异常而停止 b7　　　　　　　　　b0 1 0 0 0 0 0 0 0

（2）IVDR 指令

IVDR 指令即 INVERTER DRIVE，在可编程控制器中写入变频器运行所需的控制值。表 6-10 所示为 IVDR 指令代码及其功能，表 6-11 所示为 HFA 指令代码内容含义示例。

表 6-10　IVDR 指令代码及其功能

变频器的指令代码	写入的内容
HFB	运行模式
HF3	特殊监视的选择号
HF9	运行指令（扩展）
HFA	运行指令
HEE	写入设定频率（EEPROM）
HED	写入设定频率（RAM）
HFD	变频器复位
HF4	故障内容的成批清除
HFC	参数的全部清除
HFC	用户清除
HFF	链接参数的扩展设定

表 6-11　HFA 指令代码内容含义示例

项目	命令代码	位长	内容	示例
运行指令	HFA	8bit	b0：AU（电流输入选择） b1：正转指令 b2：反转指令 b3：RL（低速指令） b4：RM（中速指令） b5：RH（高速指令） b6：RT（第 2 功能选择） b7：MRS（输出停止）	［例 1］H02…正转 b7　　　　　　　　　b0 0 0 0 0 0 0 1 0 ［例 2］H00…停止 b7　　　　　　　　　b0 0 0 0 0 0 0 0 0

（3）IVRD 指令

IVRD 指令即 INVERTER READ，在可编程控制器中读出变频器参数的指令。

（4）IVWR 指令

IVWR 指令即 INVERTER WRITE，写入变频器参数的指令。使用 IVWR 指令时，一旦在变频器一侧使用密码功能时，就需要注意以下两点。

1）发生通信错误时

变频器通信指令发生通信错误时，FXPLC 以 3 次为限自动重试。因此，对于启用 Pr.297 的"密码解除错误的次数显示"的变频器，当发生密码解除错误时，Pr.297 的密码解除错误次数可能和实际密码错误输入的次数不一致。此外，对 Pr.297 进行写入时，请不要通过顺控程序执行自动重试（变频器指令的再驱动）。

变频器通信指令发生密码解除错误的情况，以及此时的实际解除错误次数计算如下：

① 由于密码输入错误等原因，将错误的密码写入 Pr.297 时，执行了 1 次写入指令，而密码的解除错误次数变成 3 次。

② 由于噪声等原因，未能向 Pr.297 正确写入密码时，密码的解除错误次数最多为 3 次。

2）登录密码时

变频器通信指令中，向变频器登录密码时，将密码写入 Pr.297 后，请重新读取 Pr.297，确认密码的登录是否正常结束。由于噪声等原因，未能正常向 Pr.297 完成写入时，FXPLC 可能自动重试，并因此将登录的密码解除。最多可以进行 3 次通信，包括初次通信和 2 次重试。

当启用 Pr.297 的"密码解除错误的次数显示"时，密码解除错误次数到达 5 次后，即使输入正确密码，也不能解除读出 / 写入限制。

（5）IVBWR 指令

IVBWR 指令即 INVERTER BLOCK WRITE，成批写入变频器参数的指令。

（6）IVMC 指令

IVMC 指令即 INVERTER MULTI COMMAND，为向变频器写入 2 种设定（运行指令和设定频率）时，同时执行 2 种数据（变频器状态监控和输出频率等）读取的指令。

6.3.2 FX5U 与变频器之间的通信控制实例

【案例 6-4】FX5U 通过 RS485 来控制三菱 700 系列变频器启停

案例要求

FX5U PLC 通过 RS485 连接一台三菱变频器，采用三菱专用的变频器通信协议与指令，远程通信控制变频器的运行，并在触摸屏上进行监控，采用三菱 FX5U-32MT/ES 来通信控制 E700 变频器，要求如下：

① 能通过设置在 PLC 中的数据来自由设置变频器运行频率；

② 能通过按钮正向启动、反向启动和停止；

③ 能获取变频器的实际运行频率，并保存在 PLC 的数据中。

案例实施

步骤 1：电气接线。

本案例的电气接线如图 6-20 所示。FX5U 利用内置的 RS485 模块对变频器进行通信控制，模块端子从右往左依次有 RDA、RDB、SDA、SDB、SG 这 5 个端子，其中 RD 表示接收端子，SD 表示发送端子，后面的字母 A 和 B 表示采用的是差分信号，正负不能相反。

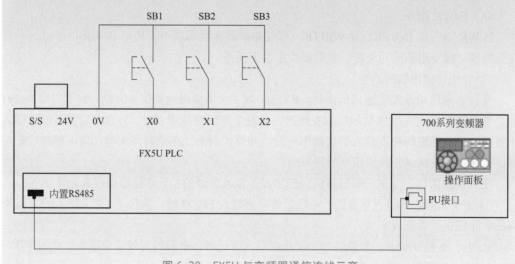

图 6-20 FX5U 与变频器通信连线示意

变频器本体上的通信接口为 PU 接口，为 RJ45 网络插口模式，PU 接口在外观上与以太网接口相一致，虽然有 8 个接线端子，但真正用到的只有 5 个。图 6-21 所示为三菱 700 系列变频器（包括 A700、D700、E700 和 F700）PU 接口的引脚图，包含了对应的引脚说明。通信接口采用 568B 标准的网络线，其标准做线时，水晶头接触点水平放置，从左到右顺序依次为：白橙，橙，白绿，蓝，白蓝，绿，白棕，棕。

插针编号	名称	内容
①	SG	接地 （与端子5导通）
②	—	参数单元电源
③	RDA	变频器接收+
④	SDB	变频器发送-
⑤	SDA	变频器发送+
⑥	RDB	变频器接收-
⑦	SG	接地 （与端子5导通）
⑧	—	参数单元电源

变频器本体
(插座侧)
从正面看
①～⑧

图 6-21　700 系列变频器 PU 接口插针说明

本案例中对应的接线为：网线中白橙线、白蓝线、绿线、白绿线、蓝线分别接 FX5U 内置 RS485 通信模块的 SG 端、RDA 端、SDB 端、SDA 端及 RDB 端，连接端子对应示意如表 6-12 所示，具体接线如图 6-22 所示。在多从站的情况下，请将终端电阻接上。

表 6-12　PLC 与变频器通信连接端子对应示意

FX5U PLC 内置 RS485 接口	数据传送方向	变频器 PU 接口	PU 接口编号及颜色
RDA	←	SDA	⑤白蓝色
RDB	←	SDB	④蓝色
SDA	→	RDA	③白绿色
SDB	→	RDB	⑥绿色
SG	—	SG	①白橙色

步骤 2：变频器通信参数设置。

表 6-13 所示为变频器通信参数设置，主要涉及站号（Pr.117）、通信速率（即波特率，Pr.118）、数据位（Pr.119）、奇偶校验（Pr.120）、重试次数（Pr.121）、通信检测间隔时间（Pr.122）以及变频器频率指令和启动指令（Pr.338、Pr.340、Pr.79）。变频器参数设好后，需要重新断电一次后再上电，确保变频器工作在 "NET" 方式下（即显示 ▇▇▇▇▇ NET），而不是 "PU" 或 "EXT"。

表 6-13　700 系列变频器通信参数设置

参数号	修改后的参数	备注
Pr.117	1	变频站号为1，多台变频情况下，请设置不同站号
Pr.118	192	波特率 19200
Pr.119	10	数据位长 7，停止位 1
Pr.120	2	奇偶校验

续表

参数号	修改后的参数	备注
Pr.121	1	PU 通信重试次数
Pr.122	9999	PU 通信检测间隔时间
Pr.338	0	变频运行指令权（如正反转）由通信控制
Pr.340	1	网络模式
Pr.549	1	MODBUS 通信
Pr.79	2	外部控制及网络模式

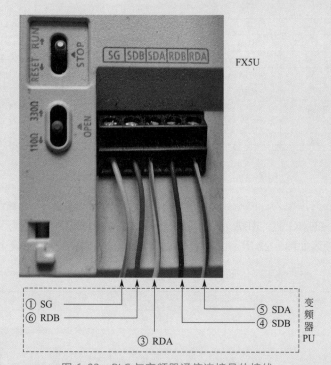

图 6-22　PLC 与变频器通信连接具体接线

步骤 3：FX5U 的 PLC 参数设置。

在编程软件 GX Works3 中，进行如图 6-23 和图 6-24 所示的 FX3U PLC 参数设置。具体设置为：协议格式→变频器通信；数据长度→ 7bit；奇偶校验→偶数；停止位→ 1bit；波特率→ 19200bps。

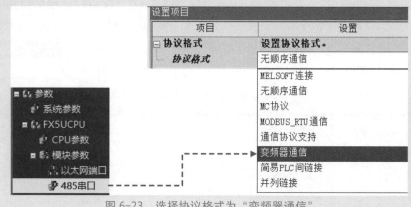

图 6-23　选择协议格式为"变频器通信"

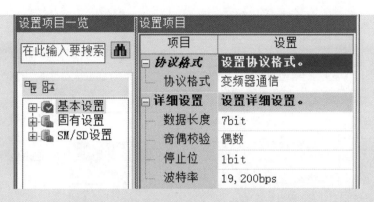

图 6-24 FX5U 参数设置

步骤4：梯形图编写。

编制程序如图 6-25 所示，程序解释如下：

步 0：上电初始化 SM402=ON 时，设置变频器的运行频率为 D112=29.50Hz。

步 6—16：用启动正转 X0、反转 X1 和停止按钮 X2 来完成 M11 和 M12 指令。

步 26：在正转或反转时，用 IVDR 进行写入频率 D112。

步 41：将十进制数 K2 写入到变频器运行指令 HOFA 地址中。该十进制数转换为二进制数即仅 b1=1，从而控制变频器正转运行。

步 50：将十进制数 K4 写入到变频器运行指令 HOFA 地址中。该十进制数转换为二进制数即仅 b2=1，从而控制变频器反转运行。

步 59：将十进制数 K0 写入到变频器运行指令 HOFA 地址中。控制变频器停止运行。

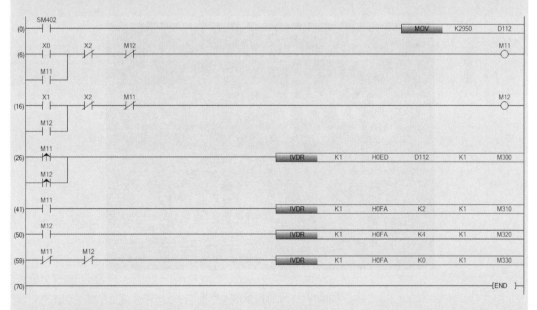

图 6-25 梯形图

步骤5：调试。

当变频器与 PLC 中间通信未建立时，就会出现 PLC 故障 H7601，即 ERR 灯亮，如图 6-26 所示；在变频器侧就会出现 E.PUE 故障，如图 6-27 所示。

图 6-26　PLC 通信故障

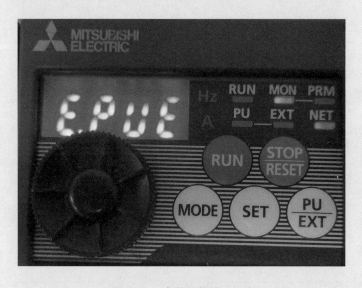

图 6-27　变频器故障 E.PUE

变频器 E.PUE 故障原因为：通过 PU 接口进行 RS485 通信时，若 Pr.121 PU 通信再试次数≠"9999"，如果连续通信错误发生次数超过容许再试次数，变频器则停止输出；或者是通过 PU 接口进行 RS485 通信时，在 Pr.122 PU 通信校验时间间隔中设定的时间内，当通信中途切断时，变频器也将停止输出。

6.4 FX5U与变频器之间的MODBUS通信控制

6.4.1 MODBUS通信概述

—| ADPRW | (s1) | (s2) | (s3) | (s4) | (s5)/(d1) | (d2) |—表示与 MODBUS 主站所对应的从站进行通信（读取/写入数据）的指令。表6-14所示为ADPRW操作数设置详情，表6-15是功能代码详解。

表 6-14　ADPRW 操作数设置详情

操作数	内容	范围	数据类型
（s1）	从站站号	0～F7H	有符号 BIN16 位
（s2）	功能代码	01H～06H、0FH、10H	有符号 BIN16 位
（s3）	与功能代码对应的功能参数	0～FFFFH	有符号 BIN16 位
（s4）	与功能代码对应的功能参数	1～2000	有符号 BIN16 位
（s5）/（d1）	与功能代码对应的功能参数	—	位 / 有符号 BIN16 位
（d2）	输出指令执行状态的起始位软元件编号	—	位

表 6-15　功能代码详解

功能代码	功能名	详细内容	1 个报文可访问的软元件数
01H	线圈读取	线圈读取（可以多点）	1～2000 点
02H	输入读取	输入读取（可以多点）	1～2000 点
03H	保持寄存器读取	保持寄存器读取（可以多点）	1～125 点
04H	输入寄存器读取	输入寄存器读取（可以多点）	1～125 点
05H	1 线圈写入	线圈写入（仅 1 点）	1 点
06H	1 寄存器写入	保持寄存器写入（仅 1 点）	1 点
0FH	多线圈写入	多点的线圈写入	1～1968 点
10H	多寄存器写入	多点的保持寄存器写入	1～123 点

表 6-16 所示是系统环境变量 MODBUS 寄存器，当使用 40006 或 40007 时，可以清除除通信参数的设定值之外的其他参数值。当使用 40009 寄存器时，写入时作为控制输入命令来设定数据，读取时作为变频器的运行状态来读取数据，具体如表 6-17 所示，表格中（　）内的信号为初始状态下的信号，可以随着输入输出端子的定义而发生改变。

表 6-16　系统环境变量 MODBUS 寄存器

寄存器	定义	读取 / 写入	备注
40002	变频器复位	写入	写入值可任意设定
40003	参数清除	写入	写入值请设定为 H965A
40004	参数全部清除	写入	写入值请设定为 H99AA
40006	参数清除	写入	写入值请设定为 H5A96
40007	参数全部清除	写入	写入值请设定为 HAA99
40009	变频器状态 / 控制输入命令	读取 / 写入	参照以下内容
40010	运行模式 / 变频器设定	读取 / 写入	参照以下内容

寄存器	定义	读取 / 写入	备注
40014	运行频率（RAM 值）	读取 / 写入	根据 Pr.37 的设定，可切换频率和转速的转速单位是 1r/min
40015	运行频率（EEPROM 值）	写入	

表 6-17　变频器状态 / 控制输入命令

Bit	定义	
	控制输入命令	变频器状态
0	停止指令	RUN（变频器运行中）
1	正转指令	正转中
2	反转指令	反转中
3	RH（高速指令）	SU（频率到达）
4	RM（中速指令）	OL（过载）
5	RL（低速指令）	0
6	0	FU（频率检测）
7	RT（第 2 功能选择）	ABC（异常）
8	AU（电流输入选择）	0
9	0	0
10	MRS（输出停止）	0
11	0	0
12	RES（复位）	0
13	0	0
14	0	0
15	0	异常发生

表 6-18 所示是实时监视器 MODBUS 寄存器，其中 40201 和 40205 在 Pr.37 ＝ 0.01 ～ 9998 时，单位为 1。

表 6-18　实时监视器 MODBUS 寄存器

寄存器	内容	单位	寄存器	内容	单位
40201	输出频率 / 转速	0.01Hz/1	40220	累计通电时间	1h
40202	输出电流	0.01A	40223	实际运行时间	1h
40203	输出电压	0.1V	40224	电机负载率	0.1%
40205	频率设定值 / 转速设定值	0.01Hz/1	40225	累计电力	1kW·h
40207	电机转矩	0.1%	40252	PID 目标值	0.1%
40208	变流器输出电压	0.1V	40253	PID 测量值	0.1%
40209	再生制动器使用率	0.1%	40254	PID 偏差	0.1%
40210	电子过电流保护负载率	0.1%	40258	选件输入端子状态 1	—
40211	输出电流峰值	0.01A	40259	选件输入端子状态 2	—
40212	变流器输出电压峰值	0.1V	40260	选件输出端子状态	—
40214	输出电力	0.01kW	40261	电机过电流保护负载率	0.1%
40215	输入端子状态	—	40262	变频器过电流保护负载率	0.1%
40216	输出端子状态	—			

图 6-28 所示是 MODBUS 通信控制的样例程序。

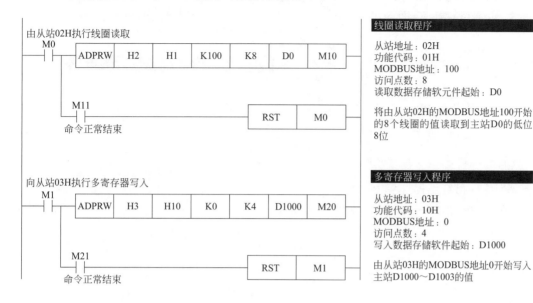

线圈读取程序

由从站02H执行线圈读取

从站地址：02H
功能代码：01H
MODBUS地址：100
访问点数：8
读取数据存储软元件起始：D0

将由从站02H的MODBUS地址100开始的8个线圈的值读取到主站D0的低位8位

多寄存器写入程序

向从站03H执行多寄存器写入

从站地址：03H
功能代码：10H
MODBUS地址：0
访问点数：4
写入数据存储软件起始：D1000

由从站03H的MODBUS地址0开始写入主站D1000～D1003的值

图 6-28　MODBUS 通信样例程序

6.4.2　MODBUS通信控制实例

【案例 6-5】采用 MODBUS 协议进行 PLC 与变频器的通信

案例要求

FX5U-32MT/ES PLC 与三菱 700 系列变频器之间使用 RS485 接口进行通信，采用 MODBUS 协议，能用按钮控制其正反转。

案例实施

步骤 1：电气接线与输入输出定义。

电气接线跟【案例 6-4】一致，其中输入 / 输出定义如表 6-19 所示。

表 6-19　输入 / 输出元件及其功能

说明	PLC 输入 / 输出元件	功能
输入	X0	SB1/ 正转启动按钮
	X1	SB2/ 反转启动按钮
	X2	SB3/ 停止按钮
输出	Y0	HL1/ 正转指示灯
	Y1	HL2/ 反转指示灯
	SD6180	AO/ 模拟量输出

步骤 2：FX5U 参数设置。

选择"参数"→"FX5UCPU"→"模块参数"→"485 串口"，如图 6-29 所示进行"设置项目"，协议格式更改为"MODBUS_RTU 通信"，详细设置仍不变，即偶数校验、1bit 停止位、19200bps 波特率。

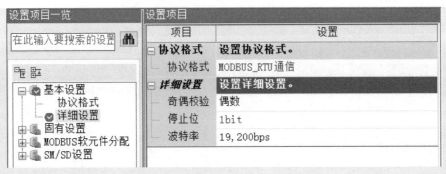

图 6-29 设置项目（MODBUS 通信）

步骤 3：PLC 编程。

PLC 梯形图如图 6-30 所示，程序说明如下：

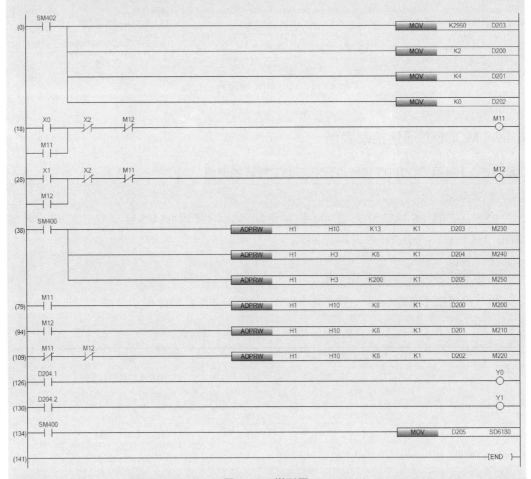

图 6-30 梯形图

步 0：初始化数据 D200 ～ D203；

步 18—28：正反转控制；

步 38：始终将频率输入值 D203 写入到变频器 40014 运行频率寄存器中，读取变频器 40009 变频器状态存储器中的值，存储在 D204 中，将变频器 40201 寄存器的值读取到 D205

中，即显示运行频率；

步79：正转动作时将 D200 中的数值通过 MODBUS 通信写入变频器 40009 寄存器，输入正转指令；

步94：反转动作时将 D201 中的数值通过 MODBUS 通信写入变频器 40009 寄存器，输入反转指令；

步109：停止动作时将 D202 中的数值通过 MODBUS 通信写入变频器 40009 寄存器，输入停止指令；

步126—130：将状态值显示为正反转指示灯；

步134：将运行频率值输出到 PLC 的 AO 口。

步骤4：变频器参数设置。

跟【案例6-4】相比，只需要修改 Pr.549=1（即 MODBUS 通信）即可，其余均相同，具体如表 6-20 所示。

表 6-20　变频器参数设置

参数号	修改后的参数	备注
Pr.117	1	变频站号为1，多台变频情况下，请设置不同站号
Pr.118	192	波特率 19200bps
Pr.119	10	数据位长 7bit，停止位 1bit
Pr.120	2	偶数校验
Pr.121	1	PU 通信重试次数
Pr.122	9999	PU 通信检测间隔时间
Pr.338	0	变频运行指令权（如正反转）由通信控制
Pr.340	1	网络模式
Pr.549	1	MODBUS 通信
Pr.79	2	外部控制及网络模式

变频器参数修改后，请断电后重新上电，确保通信参数已经修改成功。

步骤5：监控。

反转输出 Y1，以及模拟量输出 V+、V– 之间的电压为 7.35V，对应 29.5Hz 运行频率（图 6-31）。

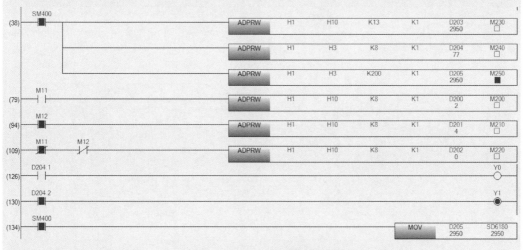

图 6-31　MODBUS 通信下反转监控

由于采取了数据读取，会出现"接收异常响应传文"（图 6-32），需要确认函数参数是否符合主站与从站的规格。

图 6-32　模块诊断

第 7 章

三菱PLC控制
步进与伺服

广泛应用于高精度数控机床、机器人、纺织机械、印刷机械、包装机械、自动化流水线的步进与伺服控制系统包括PLC、驱动器、步进或伺服电动机以及位置检测反馈元件，驱动器通过执行PLC的定位指令来控制步进或伺服电动机，进而驱动机械装备的运动部件，实现对负载的位置控制，也可以实现速度控制。本章主要介绍了步进电动机、伺服电动机及其控制基础，以及如何通过FX5U的指令来实现回零、速度控制、相对移动或绝对移动等工艺命令。

7.1 步进控制

7.1.1 步进电动机概述

步进电动机是利用电磁铁原理，将脉冲信号转换成线位移或角位移的电动机。如图 7-1 所示，每来一个电平脉冲，电动机就转动一个角度，最终带动机械移动一段距离。

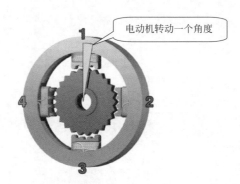

图 7-1　步进电动机工作原理

通常按励磁方式可以将步进电动机分为三大类：

① 反应式：转子无绕组，定转子，开小齿，步距角小，其应用最广。

② 永磁式：转子的极数等于每相定子极数，不开小齿，步距角较大，转矩较大。

③ 感应子式（混合式）：开小齿，比永磁式转矩更大，动态性能更好，步距角更小。

如图 7-2 所示的步进电动机主要由两部分构成，即定子和转子，它们均由磁性材料构成。定、转子铁芯由软磁材料或硅钢片叠成凸极结构。步进电动机的定子、转子磁极上均有小齿，其齿数相等。

图 7-2　步进电动机拆解后的定子和转子

图 7-3 所示的步进电动机为三相绕组，其定子有六个磁极，定子磁极上套有星形连接的三相控制绕组，每两个相对的磁极为一相绕组。

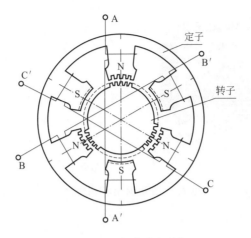

图7-3　三相步进电动机

步进电动机一般由前后端盖、轴承、中心轴、转子铁芯、定子铁芯、定子组件、波纹垫圈、螺钉等部分构成，其装配图如图7-4所示。

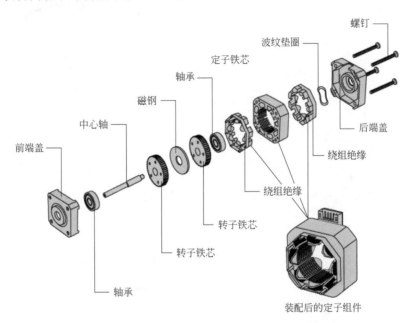

图7-4　步进电动机的装配图

7.1.2　步进电动机的选型与应用特点

（1）步进电动机的选型

一般而言，步进电动机的步距角、静转矩及电流三大要素确定之后，其电动机型号便确定下来了。目前市场上流行的步进电动机是以机座号（电动机外径）来划分的。根据机座号可分为42BYG（BYG为感应子式步进电动机代号）、57BYG、86BYG、110BYG等国际标准，而像70BYG、90BYG、130BYG等均为国内标准。图7-5所示为57步进电动机外观及其接线端子。

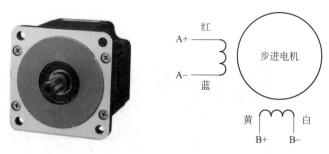

图 7-5　57 步进电动机外观及其接线端子

步进电动机转速越高，转矩越大，则要求电动机的电流越大，驱动电源的电压越高。电压对转矩影响如图 7-6 所示。

（2）步进电动机的应用特点

步进电动机的重要特征之一是高转矩、小体积。这些特征使得步进电动机具有优秀的加速和响应性能，从而适合应用在需要频繁启动和停止的场合中，如图 7-7 所示。

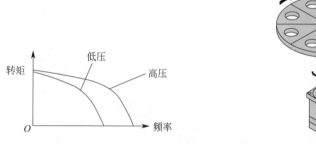

图 7-6　电压对转矩影响　　　　图 7-7　步进电动机应用在频繁启动 / 停止场合

绕组通电时步进电动机具有全部的保持转矩，这就意味着步进电动机可以在不使用机械刹车的情况下保持在停止位置，如图 7-8 所示。

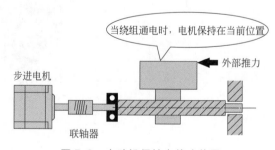

图 7-8　电动机保持在停止位置

一旦电源被切断，步进电动机自身的保持转矩丢失，电动机不能在垂直操作中或在施加外力作用下保持在停止位置，所以在提升和其他相似应用场合中需要使用带电磁刹车的步进电动机，如图 7-9 所示。

（3）步进电动机的步距角

步进电动机的步距角表示控制系统每发送一个脉冲信号时电动机所转动的角度，也可以说，每输入一个脉冲信号电动机转子转过的角度称为步距角，用 θ_s 表示。图 7-10 所示为某两相步进电动机步距角 $\theta_s=1.8°$ 的示意图。

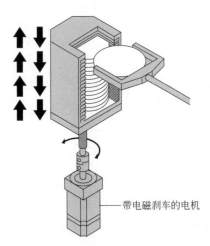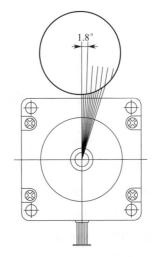

带电磁刹车的电机

图 7-9　带电磁刹车的步进电动机　　图 7-10　步距角 1.8°（两相电动机）

步进电动机的特点是来一个脉冲，转一个步距角，其角位移量或线位移量与电脉冲数成正比，即步进电动机的转动距离正比于施加到驱动器上的脉冲信号数（脉冲数）。步进电动机转动（电动机出力轴转动角度）和脉冲数的关系如式（7-1）所示：

$$\theta = \theta_s A \tag{7-1}$$

式中　θ ——电机出力轴转动角度，（°）；

　　　θ_s ——步距角，（°）/ 步；

　　　A ——脉冲数，个。

根据式（7-1），可以得出图 7-11 所示的脉冲数与转动角度的关系。

图 7-11　脉冲数与转动角度的关系

（4）步进电动机的速度

控制脉冲频率，可控制步进电动机的转速，因为步进电动机的转速与施加到步进电动机驱动器上的脉冲信号频率成比例关系。

电动机的转速（r/min）与脉冲频率（Hz）的关系如下（在整步模式下）：

$$n = 60f \times \frac{\theta_s}{360} \tag{7-2}$$

式中　n ——电机出力轴转速，r/min；

　　　θ_s ——步距角，（°）/ 步；

　　　f ——脉冲频率（每秒输入脉冲数），Hz。

由于不同电动机的步距角不同，因此本书都采用 pps（即 pulse/s，脉冲数 / 秒）来表示速度。根据这个公式，可以得出图 7-12 所示的频率与速度之间的关系。

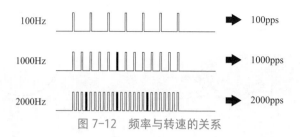

图 7-12　频率与转速的关系

7.1.3　FX5U PLC实现定位控制的基础

FX5U PLC 可以实现步进电动机或伺服电动机的定位控制，其原因在于该 PLC 集成了高速计数口、高速脉冲输出口等硬件和相应的软件功能。如图 7-13 所示为 FX5U PLC 输出脉冲和方向到驱动器（步进或伺服），控制电动机加速、减速和移动到指定位置，同时也可以接收位置实际脉冲信号。

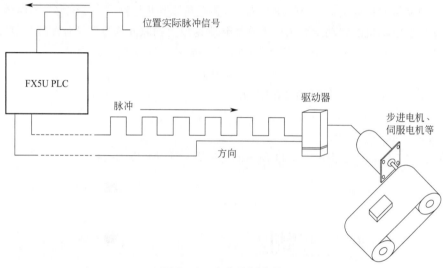

图 7-13　定位控制应用

图 7-14 所示为步进电动机驱动器接线示意，其端子号及含义如表 7-1 所示，其中端子称呼不同品牌略有不同，但含义均相同。

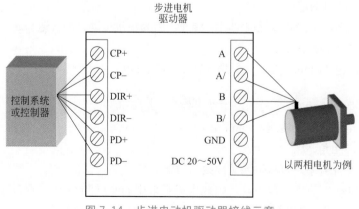

图 7-14　步进电动机驱动器接线示意

表 7-1　步进电动机驱动器端子号及含义

端子号	含义
CP+	脉冲正输入端
CP−	脉冲负输入端
DIR+	方向电平的正输入端
DIR−	方向电平的负输入端
PD+	脱机信号正输入端
PD−	脱机信号负输入端

步进电动机驱动器是把控制系统或控制器（本书是指 PLC）提供的弱电信号放大为步进电动机能够接收的强电流信号。控制系统提供给驱动器的信号主要有以下三种。

① 步进脉冲信号 CP：这是最重要的一路信号，因为步进电动机驱动器的原理就是要把控制系统发出的脉冲信号转化为步进电动机的角位移。驱动器每接收一个脉冲信号 CP，就驱动步进电动机旋转一步距角，CP 的频率和步进电动机的转速成正比，CP 的脉冲个数决定了步进电动机旋转的角度。这样，控制系统通过脉冲信号 CP 就可以达到控制电动机调速和定位的目的。

② 方向电平信号 DIR：此信号决定电动机的旋转方向。比如，此信号为高电平时电动机为顺时针旋转，此信号为低电平时电动机则为反方向逆时针旋转。此种换向方式，又称为单脉冲方式。

③ 脱机信号 PD：此信号为选用信号，并不是必须要用的，只在一些特殊情况下使用。此端输入一个 5V 电平时，电动机处于无转矩状态；此端为高电平或悬空不接时，此功能无效，电动机可正常运行，此功能若用户不采用，只需将此端悬空即可。

FX5U 可编程控制器中内置定位功能，从通用输出（Y000～Y003）输出最大 200kpps 速度的脉冲串，可同时控制 4 轴的伺服电动机或者步进电动机，如图 7-15 所示。

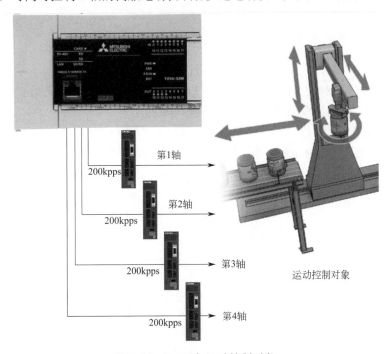

图 7-15　FX5U 与运动控制对象

FX5U PLC 晶体管输出共有 2 种接线方式，一种是如图 7-16 所示的漏型输出接线（ES 机型），另一种是如图 7-17 所示的源型输出接线（ESS 机型）。

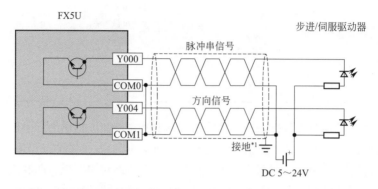

图 7-16　漏型输出接线（ES 机型）

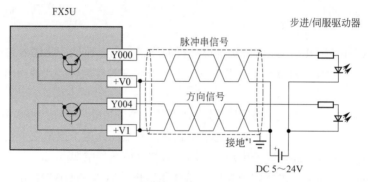

图 7-17　源型输出接线（ESS 机型）

7.1.4　PLC控制步进电动机的主要指令

FX5U 支持原先 FX3 的指令，同时又有自己的操作数，含义还不一致。这就意味着一条指令有 FX3 和 FX5 两种类型的操作数，以下指令除特别说明外，一般是指 FX5 操作数。同时，用于步进电动机的指令也同样适用于伺服电动机的指令。

（1）PLSY/ 发出脉冲信号

PLSY 是发出脉冲信号用的指令，如图 7-18 所示为其工作示意。

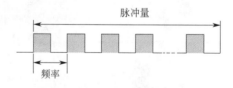

图 7-18　PLSY 工作示意

PLSY 指令格式为：—| PLSY | (s) | (n) | (d) |—。对应 32 位的指令则为 DPLSY。

该指令可以是 FX3 操作数，也可以是 FX5 的操作数（如表 7-2 所示）。从表 7-2 中可以看出，PLSY 指令是将以指令速度（s）中指定的 BIN16 位脉冲序列速度，从输出（d）中指定的软元件输出定位地址（n）中指定的 BIN16 位脉冲。显然 FX3 和 FX5 指令的区别在于输出（d），在 FX3 指令中，(d) 指定的是 Y0 ~ Y3；而在 FX5 指令中，(d) 指定的是轴的编号，其具体设置如图 7-19 所示的"定位"参数选项。

表 7-2　PLSY 的操作数说明

操作数	内容	范围	数据类型
（s）	指令速度或存储了数据的字软元件编号	0 ~ 65535（用户单位）	无符号 BIN16 位
（n）	定位地址或存储了数据的字软元件编号	0 ~ 65535（用户单位）	无符号 BIN16 位
（d）	输出脉冲的轴编号	K1 ~ K4	无符号 BIN16 位

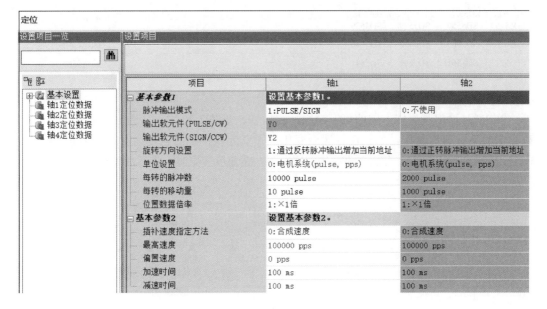

图 7-19　轴的编号及参数设置

当 PLSY 指令过程中或执行结束时，都会产生一些特殊继电器 SM 和特殊寄存器 SD，具体如表 7-3 和表 7-4 所示。

表 7-3　PLSY 的特殊继电器 SM

FX5 专用				FX3 兼容用				名称
轴 1	轴 2	轴 3	轴 4	轴 1	轴 2	轴 3	轴 4	
—	—	—	—	SM8029				指令执行结束标志位
—	—	—	—	SM8329				指令执行异常结束标志位
SM5500	SM5501	SM5502	SM5503	SM8348	SM8358	SM8368	SM8378	定位指令驱动中
SM5516	SM5517	SM5518	SM5519	SM8340	SM8350	SM8360	SM8370	脉冲输出中监控
SM5532	SM5533	SM5534	SM5535	—	—	—	—	发生定位出错
SM5628	SM5629	SM5630	SM5631	—	—	—	—	脉冲停止指令
SM5644	SM5645	SM5646	SM5647	—	—	—	—	脉冲减速停止指令
SM5660	SM5661	SM5662	SM5663	—	—	—	—	正转极限
SM5676	SM5677	SM5678	SM5679	—	—	—	—	反转极限

表 7-4　PLSY 的特殊寄存器 SD

FX5 专用				FX3 兼容用				名称
轴 1	轴 2	轴 3	轴 4	轴 1	轴 2	轴 3	轴 4	
SD5500、 SD5501	SD5540、 SD5541	SD5580、 SD5581	SD5620、 SD5621	—	—	—	—	当前地址（用户单位）
SD5502、 SD5503	SD5542、 SD5543	SD5582、 SD5583	SD5622、 SD5623	SD8340、 SD8341	SD8350、 SD8351	SD8360、 SD8361	SD8370、 SD8371	当前地址（脉冲单位）
SD5504、 SD5505	SD5544、 SD5545	SD5584、 SD5585	SD5624、 SD5625	—	—	—	—	当前速度（用户单位）
SD5510	SD5550	SD5590	SD5630	—	—	—	—	定位出错代码
SD5516、 SD5517	SD5556、 SD5557	SD5596、 SD5597	SD5636、 SD5637	—	—	—	—	最高速度
SD5518、 SD5519	SD5558、 SD5559	SD5598、 SD5599	SD5638、 SD5639	—	—	—	—	偏置速度
SD5520	SD5560	SD5600	SD5640	—	—	—	—	加速时间
SD5521	SD5561	SD5601	SD5641	—	—	—	—	减速时间

（2）PLSV/ 可变速脉冲输出

PLSV 是输出带旋转方向的可变速脉冲的指令。如图 7-20 所示，通过驱动 PLSV 指令，以指定的运行速度动作。如果运行速度变化，则变为以指定的速度运行。如果 PLSV 指令 OFF，则脉冲输出停止。有加减速动作的情况下，在速度变更时，执行加减速。

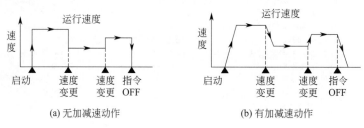

(a) 无加减速动作　　　　(b) 有加减速动作

图 7-20　PLSV 工作示意

PLSV 的指令格式为：—| PLSV | (s) | (d1) | (d2) |—。对应 32 位的指令为 DPLSV。

PLSV 可以使用 FX3 或 FX5 操作数，其中 FX5 操作数的说明如表 7-5 所示，（d1）为输出脉冲的轴编号。

表 7-5　PLSV 操作数说明

操作数	内容	范围	数据类型
（s）	指令速度或存储了数据的字软元件编号	−32768 ～ +32767 （用户单位）	带符号 BIN16 位
（d1）	输出脉冲的轴编号	K1 ～ K12	无符号 BIN16 位
（d2）	指令执行结束、异常结束标志位的位软元件编号	—	位

（3）DSZR/ 带 DOG 搜索的原点回归

DSZR 是执行原点回归，使机械位置与可编程控制器内的当前值寄存器一致的指令。如图 7-21 所示，通过驱动 DSZR 指令，开始机械原点回归，以指定的原点回归速度动作；如果 DOG 的传感器为 ON，则减速为爬行速度；有零点信号输入时停止，完成原点回归。

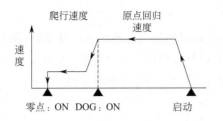

图 7-21 DSZR 动作示意

DSZR 指令格式为：—| DSZR | (s1) | (s2) | (d1) | (d2) |—。32 位指令为 DDSZR。

FX5 操作数如表 7-6 所示，在（s1）中指定用户单位的原点复位速度或频率，在（s2）中指定用户单位的蠕变速率或频率，在（d1）中指定进行原点复位的轴编号，在（d2）中指定原点复位结束、异常结束标志的位软元件。在 FX5U 参数中的轴编号中已经包含了零点和 DOG 点。

表 7-6 DSZR 操作数说明

操作数	内容	范围	数据类型
（s1）	原点复位速度	1～65535	无符号 BIN16 位
（s2）	蠕变速率	1～65535	无符号 BIN16 位
（d1）	输出脉冲的轴编号	K1～K12	无符号 BIN16 位
（d2）	原点复位结束、异常结束标志的位软元件编号	—	位

（4）DVIT/ 中断定位

DVIT 是执行单速中断定长进给的指令。如图 7-22 所示，通过驱动 DVIT 指令，以运行速度动作；如果中断输入为 ON，则运行指定的移动量后，减速停止。

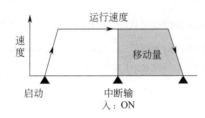

图 7-22 DVIT 工作示意

DVIT 指令格式为：—| DVIT | (s1) | (s2) | (d1) | (d2) |—。32 位指令为 DDVIT。

FX5 操作数如表 7-7 所示，从检测出中断输入的地点，以指定速度（s2）移动至指定定位地址（s1）。（d2）是指令执行结束标志位，（d2）+1 是指令执行异常结束标志位。

表 7-7 DVIT 操作数说明

操作数	内容	范围	数据类型
（s1）	定位地址或存储了数据的字软元件编号	−32768～+32767（用户单位）	带符号 BIN16 位
（s2）	指令速度或存储了数据的字软元件编号	1～65535（用户单位）	无符号 BIN16 位
（d1）	输出脉冲的轴编号	K1～K12	无符号 BIN16 位
（d2）	指令执行结束、异常结束标志位的位软元件编号	—	位

（5）DRVI/ 相对定位

DRVI 是以相对驱动方式执行单速定位的指令。用带正 / 负的符号指定从当前位置开始的移动距离的方式，也称为增量（相对）驱动方式。如图 7-23 所示为相对于●（起点）移动 +50、+100 或 -100、-150 后的→（终点）位置示意。

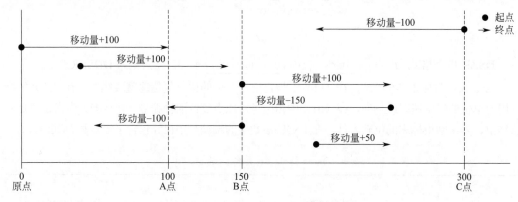

图 7-23　DRVI 相对定位示意

DRVI 的指令格式为：—| DRVI | (s1) | (s2) | (d1) | (d2) |—。32 位指令为 DDRVI。

FX5 的操作数如表 7-8 所示。

表 7-8　DRVI 的操作数说明

操作数	内容	范围	数据类型
（s1）	定位地址或存储了数据的字软元件编号	−32768 ～ +32767（用户单位）	带符号 BIN16 位
（s2）	指令速度或存储了数据的字软元件编号	1 ～ 65535（用户单位）	无符号 BIN16 位
（d1）	输出脉冲的轴编号	K1 ～ K12	无符号 BIN16 位
（d2）	指令执行结束、异常结束标志位的位软元件编号	—	位

（6）DRVA/ 绝对定位

DRVA 是以绝对驱动方式执行单速定位的指令。用指定从原点（零点）开始的移动距离的方式，也称为绝对驱动方式。其工作示意如图 7-24 所示。

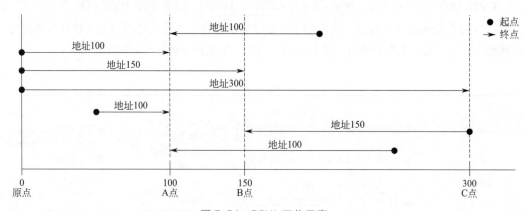

图 7-24　DRVA 工作示意

DRVA 指令格式为：⎯│ DRVA │ (s1) │ (s2) │ (d1) │ (d2) │⎯。32 位指令为 DDRVA。

FX5 操作数跟 DRVI 相同，只是从相对位移变成了绝对位移。

（7）TBL/ 表格设定定位

TBL 是预先将数据表格中被设定的指令的动作，变为指定的 1 个表格的动作。如表 7-9 所示，先用参数设定定位点，通过驱动 TBL 指令，向指定点移动或执行中断。

表 7-9 位置、速度和指令表

编号	位置	速度	指令
1	1000	2000	DRVI
2	20000	5000	DRVA
3	50	1000	DVIT
4	800	10000	DRVA
⋮	⋮	⋮	⋮

TBL 指令格式为：⎯│ TBL │ (d) │ (n) │。

FX5 操作数如表 7-10 所示，（d）指定输出脉冲的轴编号；（n）是执行的表格编号 [1~100]。

表 7-10 TBL 的操作数说明

操作数	内容	范围	数据类型
（d）	输出脉冲的轴编号	K1 ～ K4	无符号 BIN16 位
（n）	执行的表格编号	1 ～ 100	无符号 BIN16 位

7.1.5 步进电动机实例应用

【案例 7-1】步进电动机的正反转运行

案例要求

FX5U PLC 通过步进电动机驱动器控制步进电动机的运行，控制要求如下：

① 按下启动按钮后，先进行正转 1000 个脉冲，速度 2kpps；

② 等正转完成后，延时 6s，进行反转，2000 个脉冲，速度 2kpps，然后停机；

③ 任何时候按下停止按钮，步进电动机停机。

案例实施

步骤 1：电气接线。

根据要求进行电气接线，除按钮外，其余如图 7-25 所示。其中开关电源的选择与步进驱动器有关，如果步进驱动器是 5V，而开关电源为 24V DC，建议在 Y0、Y1 输出端串接 2kΩ 电阻；FX5U PLC 选择晶体管输出，如本实例中的 FX5U-32MT/ES；步进驱动器的接线注意与 PLC 对应端子，本例采用共阳极接线方式；步进驱动器与步进电动机采用两相方式（如电动机为三相，请根据说明书进行连接）。

表 7-11 所示为步进电动机正反转控制的输入输出 I/O 表。

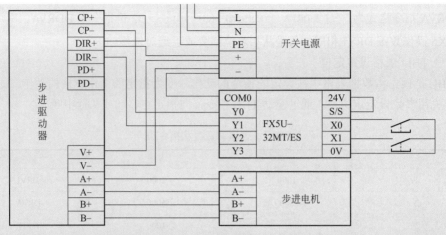

图 7-25 步进电动机与 PLC 的接线

表 7-11 输入输出 I/O 表

输入	含义	输出	含义
X0	启动按钮	Y0	输出脉冲
X1	停止按钮	Y1	输出方向

步骤 2：PLC 定位参数设置。

在 GX Works3 中，如图 7-26 所示，选择"参数"→"FX5UCPU"→"模块参数"→"高速 I/O"后进行"输出功能"→"定位"设置（图 7-27）。

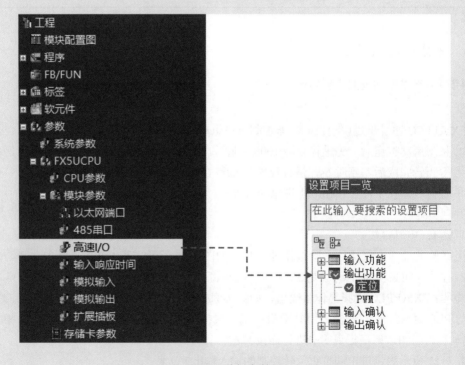

图 7-26 选择参数设置

图 7-27 输出功能的定位设置

定位设置的基本参数如下：

① 脉冲输出模式：包括0（不使用）、1（PULSE/SIGN）、2（CW/CCW）三种，这里选择1。至于 CW/CCW 是指用正转和反转指令脉冲序列作为步进驱动器输入的双脉冲控制，不是本案例的控制方式。

② 输出软元件（PULSE/CW）、输出软元件（SIGN/CCW）：本案例使用了 Y0 作为脉冲输出、Y1 为方向。

③ 旋转方向设置：可以设置 0（通过正转脉冲输出增加当前地址）、1（通过反转脉冲输出增加当前地址），这个根据实际情况进行设置。

④ 单位设置：如图 7-28 所示，共有包括脉冲在内的 7 种单位设置，本案例选择最常用的 0 [电动机系统（pulse，pps）]。

图 7-28 单位设置

步骤3：程序编制。

首先采用 PLSY 指令为 FX3 操作数的编程方法，梯形图程序如图 7-29 所示，具体解释如下：

步 0—6：启动按钮置位 M0、M1 后，启动正转脉冲定位控制，即 PLSY 指令，输出 Y0 脉冲，其中 Y1 方向为 OFF；

步 15—23：当脉冲发送完毕后，SM8029 信号为 ON 时进入 6s 延时反转程序；

步 30：反转脉冲定位控制，也是 PLSY，只是 Y1 方向为 ON；

步 43：当脉冲发送完毕后，SM8029 信号为 ON 时停机；

步 51：任何时候停止按钮 X1 动作后，M0 ～ M2 全部复位，停止当前的步进控制。

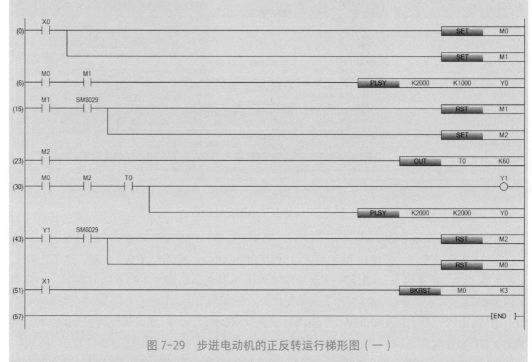

图 7-29　步进电动机的正反转运行梯形图（一）

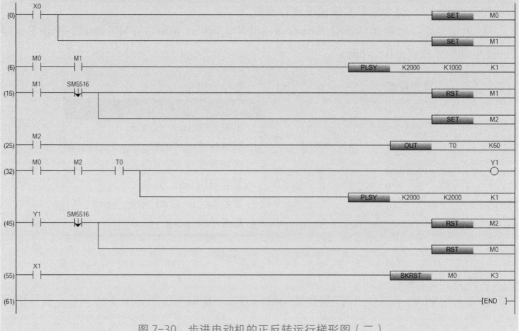

图 7-30　步进电动机的正反转运行梯形图（二）

如果采用 PLSY 指令为 FX5 操作数，梯形图程序如图 7-30 所示，需要修改的就是一个脉冲发送完成的标志信号，即将 FX3 操作数产生的 SM8029 改为 FX5 操作数产生的 SM5516。SM8029、SM5516 两者在实际使用中略有不同，前者是定位指令发送脉冲完成后即置位，后者是脉冲输出监控。

【案例 7-2】步进电动机的 PLSV 速度运行

案例要求

通过触摸屏 GS2107-WTBD 来设定步进电动机的速度运行并控制启停，具体要求如下：

按下触摸屏启动按钮后，步进电动机进行速度运行，其速度可以进行 "速度 +""速度 –" 调整，初始速度为 2000pps，每次调整幅度为 ±300pps；按下触摸屏停止按钮，步进电动机停机。

案例实施

步骤 1：电气接线和 PLC 软元件定义。

如图 7-31 所示为电气接线示意，其中 FX5U PLC 与步进电机驱动器、步进电机之间的接线参考【案例 7-1】，这里不再列出。

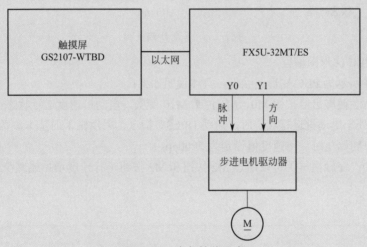

图 7-31　电气接线示意

表 7-12 所示为 PLC 软元件定义表。

表 7-12　PLC 软元件定义表

触摸屏变量	含义	PLC 输出	含义
M0	启动按钮	Y0	输出脉冲
M1	停止按钮	Y1	输出方向
M2	速度 + 按钮		
M3	速度 – 按钮		
M10	电动机速度运行状态		
D0	运行速度		

步骤 2：PLC 定位参数设置。

如图 7-32 所示进行 PLC 定位参数设置，在【案例 7-1】的基础上有所增加，具体包括脉冲和方向的输出软元件、单位设置、最高速度、加速时间和减速时间等。

项目	轴1
基本参数1	设置基本参数1。
脉冲输出模式	1:PULSE/SIGN
输出软元件(PULSE/CW)	Y0
输出软元件(SIGN/CCW)	Y1
旋转方向设置	1:通过反转脉冲输出增加当前地址
单位设置	0:电机系统(pulse, pps)
每转的脉冲数	10000 pulse
每转的移动量	10 pulse
位置数据倍率	1:×1倍
基本参数2	设置基本参数2。
插补速度指定方法	0:合成速度
最高速度	100000 pps
偏置速度	0 pps
加速时间	100 ms
减速时间	100 ms

图 7-32　基本参数设置

步骤 3：PLC 梯形图编程。

如图 7-33 所示为 PLC 梯形图编程，具体说明如下：

步 0—4：触摸屏启停按钮 M0、M1 控制 M10 变量，电动机速度运行状态；

步 8：当处于电动机运行状态时，启动 DPLSV 指令，采用轴 1 的基本参数设置；

步 15：在初始化时，将速度值设定为 2000pps；

步 22—30：在触摸屏上可以通过 M2 按钮和 M3 按钮进行速度增加或减少，每次幅度为 300pps。

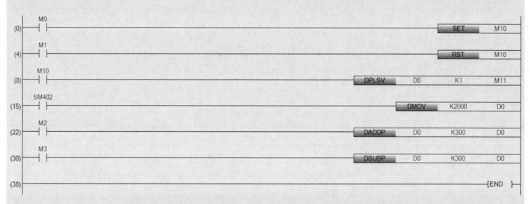

图 7-33　步进电动机的 PLSV 速度运行梯形图

步骤 4：触摸屏组态。

根据 PLC 软元件定义和梯形图，进行触摸屏画面组态，如图 7-34 所示。需要注意的是运行速度为 32 位带符号整数。

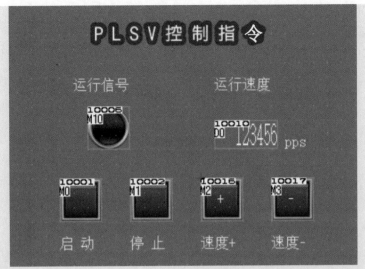

图 7-34　触摸屏画面组态

步骤 5：调试。

初始化速度为 2000pps，可以通过"速度 +""速度 -"调节电动机的运行速度，当显示速度为负时，为电动机反向运行。

【案例 7-3】采用 DSZR 指令进行回零点

案例要求

FX5U PLC 通过步进电动机驱动器控制步进电动机的运行，按下回零按钮 SB1，电动机先以 3000pps 速度回零，当达到 DOG 点时，频率变为 1000pps，最终到达零点位置；按下定位按钮，电动机能以 5000pps 的脉冲频率相对移动 2000 个脉冲。

案例实施

步骤 1：电气接线与输入输出定义。

电气接线参考【案例 7-1】，输入为 X0（回零按钮）、X1（定位按钮）、X2（DOG 信号）、X5（零点信号）；脉冲输出口为 Y0，Y1 为方向控制（即 ON 为正转，OFF 为反转）。输入输出定义如表 7-13 所示。

表 7-13　输入输出 I/O 表

输入	含义	输出	含义
X0	回零按钮	Y0	输出脉冲
X1	定位按钮	Y1	输出方向
X2	DOG 信号		
X5	零点信号		

步骤 2：PLC 定位参数设置。

除了跟【案例 7-1】一样需要设置"高速 I/O"中的输出为"定位"功能外，对于轴 1 还需要设置原点回归参数，如图 7-35 所示。主要包括以下几项。

① 原点回归：启用。

② 原点回归方向：0（负方向，即地址减少方向）。

③ 近点 DOG 信号：X2。

④ 零点信号：X5。

⑤ 近点 DOG 信号逻辑、零点信号逻辑：0（正逻辑，即感应到为信号输出）。

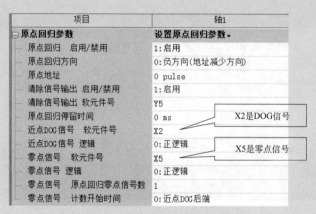

图 7-35　轴 1 的原点回归参数

步骤 3：程序编制。

这里主要使用了 DSZR 指令和 DRVI 指令，如图 7-36 所示。

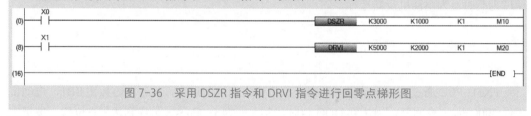

图 7-36　采用 DSZR 指令和 DRVI 指令进行回零点梯形图

【案例 7-4】DVIT 指令应用

案例要求

用触摸屏 GS2107-WTBD 来控制步进电动机的中断运行，偏置速度、正常速度、最高速度、加速时间、减速时间等运行参数，如图 7-37 所示。另外实现特殊功能是：当中断 X0 信号为 ON 的时候，输出 30000 脉冲数。

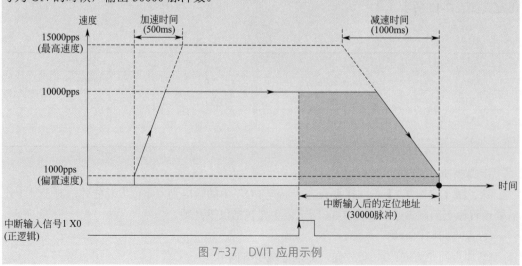

图 7-37　DVIT 应用示例

案例实施

步骤 1：电气接线和 PLC 软元件定义。

电气接线参考【案例 7-2】，脉冲输出口为 Y0，Y1 为方向控制（即 ON 为正转，OFF 为反转），同时增加 X0 为中断信号。表 7-14 所示是 PLC 软元件定义表。

表 7-14　PLC 软元件定义表

触摸屏变量	含义	PLC 输入输出	含义
M10	电动机速度运行状态	X0	中断信号
M20	启动按钮	Y0	输出脉冲
M21	脉冲停止按钮	Y1	输出方向
M22	脉冲减速停止		
D0	当前位置		

步骤 2：PLC 定位设置。

在 PLC 的定位参数中需要设置图 7-38 所示的基本参数 2 和详细参数设置，具体包括最高速度、偏置速度、加速时间、减速时间、中断输入信号 1 启用及软元件号等。

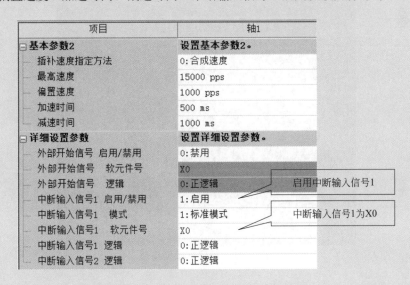

图 7-38　基本参数 2 和详细设置参数

步骤 3：PLC 梯形图编程与触摸屏组态。

梯形图程序如图 7-39 所示，具体解释如下：

步 0：启动触摸屏按钮 M20 后，DDVIT 指令动作，并通过 SM5500 和 M10 进行自锁；

步 23：当定位指令驱动为 OFF 时，复位 M1（正常结束）、M2（异常结束）；

步 29：触摸屏按钮 M21，执行脉冲停止；

步 33：触摸屏按钮 M22，执行脉冲减速停止；

步 37—45：正转限位 X1、反转限位 X2 和紧急停止按钮 X3 触发相应变量；

步 49：将当前的位置值 SD5502 显示到触摸屏上。

触摸屏画面组态如图 7-40 所示。

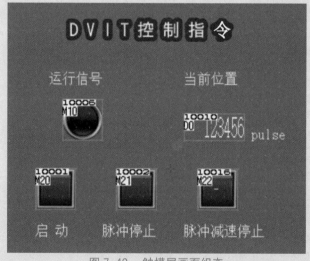

图 7-39　DVIT 指令应用梯形图

图 7-40　触摸屏画面组态

步骤 4：调试。

在触摸屏按下启动按钮 M20，步进电动机按照 500ms 加速时间、10000pps 的速度运行，当 X0 信号触发后，执行 DDVIT 指令，输出 30000 个脉冲后停机。

7.2　通用伺服控制

7.2.1　伺服控制系统组成原理

伺服系统是指被控制量（系统的输出量）是机械位移或位移速度、加速度的反馈控制系统，其作用是使输出的机械位移（或转角）准确地跟踪输入的位移（或转角）。伺服系统的结构组成和其他形式的反馈控制系统没有原则上的区别。

图 7-41 所示为伺服控制系统组成原理图，它包括控制器、伺服驱动器、伺服电动机和位置检测反馈元件。伺服驱动器通过执行控制器的指令来控制伺服电动机，进而驱动机械装备的运动部件（这里指的是丝杠工作台），实现对装备的速度、转矩和位置控制。

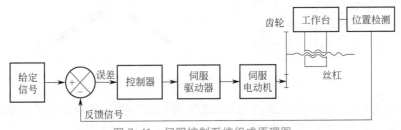

图 7-41　伺服控制系统组成原理图

从自动控制理论的角度来分析，伺服控制系统一般包括控制器、被控对象、执行环节、检测环节、比较环节五部分。

（1）比较环节

比较环节是将输入的指令信号与系统的反馈信号进行比较，以获得输出与输入间的偏差信号的环节，通常由专门的电路或计算机来实现。

（2）控制器

控制器通常是 PLC、计算机或 PID 控制电路，其主要任务是对比较元件输出的偏差信号进行变换处理，以控制执行元件按要求动作。

（3）执行环节

执行环节的作用是按控制信号的要求，将输入的各种形式的能量转化成机械能，驱动被控对象工作，这里一般指各种电动机、液压、气动伺服机构等。

（4）被控对象

被控对象包括位移、速度、加速度、力、力矩等机械参数量。

（5）检测环节

检测环节是指能够对输出进行测量并转换成比较环节所需要的量纲的装置，一般包括传感器和转换电路。

7.2.2　伺服电动机的原理与结构

伺服电动机与步进电动机不同的是，伺服电动机是将输入的电压信号变换成转轴的角位移或角速度输出，其控制速度和位置精度非常准确。

伺服电动机按使用的电源性质不同可以分为直流伺服电动机和交流伺服电动机两种。直流伺服电动机由于存在以下缺点：电枢绕组在转子上不利于散热；绕组在转子上，转子惯量较大，不利于高速响应；电刷和换向器易磨损需要经常维护，限制电动机速度，换向时会产生电火花；等等。因此，直流伺服电动机慢慢地被交流伺服电动机所替代。

交流伺服电动机一般是指永磁同步型电动机，它主要由定子、转子及测量转子位置的传感器构成，定子和一般的三相感应电动机类似，采用三相对称绕组结构，它们的轴线在空间上彼此相差 120°，如图 7-42 所示；转子上贴有磁性体，一般有两对以上的磁极；位置传感器一般为光电编码器或旋转变压器。

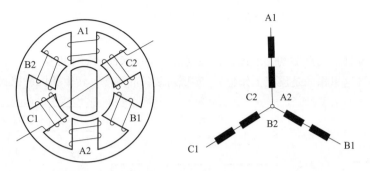

图 7-42　永磁同步型交流伺服电动机的定子结构

在实际应用中，伺服电动机的结构通常会采用如图 7-43 所示的方式，它包括电动机定子、转子、轴、轴承、编码器、编码器连接线、伺服电动机连接线等。

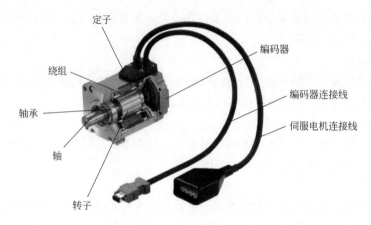

图 7-43　伺服电动机的通用结构

7.2.3　伺服驱动器的结构

伺服驱动器又称功率放大器，其作用就是将工频交流电源转换成幅度和频率均可变的交流电源提供给伺服电动机，其内部结构如图 7-44 所示，跟之前介绍的变频器内部结构基本类似，主要包括主电路和控制电路。

伺服驱动器的主电路包括整流电路、充电保护电路、滤波电路、再生制动电路（能耗制动电路）、逆变电路和动态制动电路，可见，比变频器的主电路增加了动态制动电路，即在逆变电路基极断路时，在伺服电动机和端子间加上适当的电阻进行制动。电流检测器用于检测伺服驱动器输出电流的大小，并通过电流检测电路反馈给 DSP 控制电路。有些伺服电动机除了编码器之外，还带有电磁制动器，在制动线圈未通电时，伺服电动机被抱闸，线圈通电后抱闸松开，电动机方可正常运行。

控制电路有单独的控制电路电源，除了为 DSP 以及检测保护等电路提供电源外，对于大功率伺服驱动器来说，还提供散热风机电源。

三菱 MR-JE/J4/J5 伺服驱动器在定位控制模式下，需要接收脉冲信号来进行定位。指令脉冲串能够以集电极漏型、集电极源型和差动线驱动 3 种形态输入，同时可以选择正逻辑或者负逻辑。其中指令脉冲串形态在 [Pr.PA13] 中进行设置。

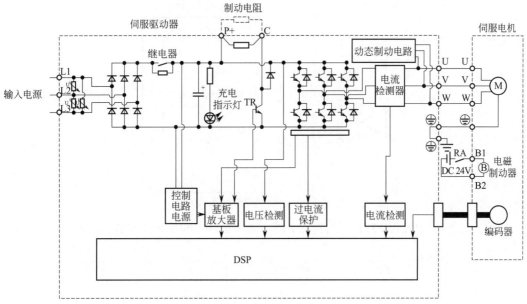

图 7-44　伺服驱动器内部结构

（1）集电极开路方式

图 7-45 所示是集电极开路方式。

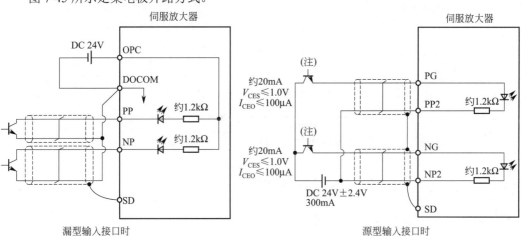

图 7-45　集电极开路方式

将 [Pr.PA13] 设置为"＿＿１０"，将输入波形设置为负逻辑，正转脉冲串以及反转脉冲串时的说明如图 7-46 所示。

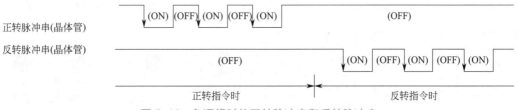

图 7-46　负逻辑时的正转脉冲串和反转脉冲串

（2）差动线驱动方式

图 7-47 所示是差动线驱动方式。

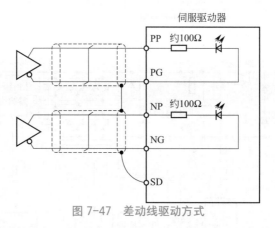

图 7-47　差动线驱动方式

该方式下，将 [Pr.PA13] 设置为"＿＿１０"，正转脉冲串和反转脉冲串示意如图 7-48 所示。

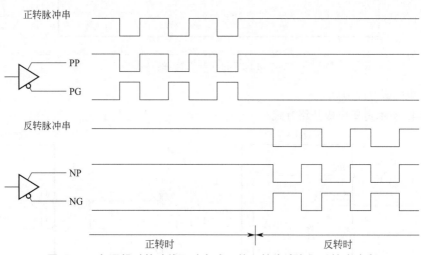

图 7-48　负逻辑时差动线驱动方式下的正转脉冲串和反转脉冲串

7.2.4　伺服电动机的位置控制和速度控制

【案例 7-5】丝杠机构的伺服定位控制

案例要求

如图 7-49 所示为触摸屏和 FX5U 共同控制 MR-JE 伺服驱动丝杠滑台运行，它可以实现回零动作，并能根据触摸屏上输入的移动距离（脉冲数）进行正向或反向定位。

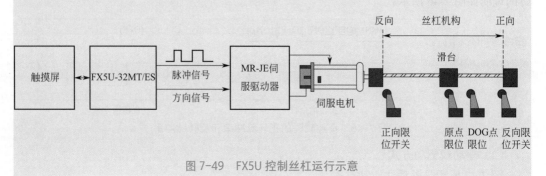

图 7-49　FX5U 控制丝杠运行示意

案例实施

步骤 1：选择设备后进行输入输出定义与电气接线。

选择合理的实操设备。如 FX5U-32MT/ES PLC 一台、三菱 MR-JE-20A 伺服驱动器一台和相对应的伺服电动机 HG-JN23J-S100 一台。三菱 FX3U-32MT/ES PLC 进行 I/O 分配，如表 7-15 所示。其中方向控制 Y2=0，表示正向；Y2=1，表示反向。

表 7-15　I/O 分配

输入继电器	输入元件	作用	输出继电器	伺服 CN1 引脚	作用
X0	SW1	选择开关	Y0	PP	脉冲信号
X1	SQ0	原点限位	Y2	NP	方向控制
X2	SQ2	正向限位	Y3	SON	伺服开启
X3	SQ3	反向限位	Y4	LSP	正向限位
			Y5	LSN	反向限位

图 7-50 所示为电气线路图，在伺服位置控制模式下需要将 24V 电源的正极和 OPC（集电极开路电源输入）连接在一起。为了节约 PLC 的输入点数，将 RES 复位引脚通过按钮 SB1 直接与 DOCOM 连接在一起；同时为了保证伺服电动机能正常工作，急停 EM2 引脚必须连接至 DOCOM（0V），PP（脉冲输入）和 NP（方向控制）分别接在 PLC 的 Y0 和 Y2 上。

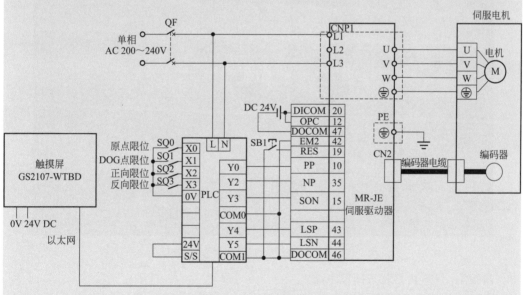

图 7-50　电气接线图

步骤 2：伺服驱动器参数设置。

伺服驱动器参数设置如表 7-16 所示。

表 7-16　伺服驱动器参数

编号	简称	名称	初始值	设定值	说明
PA01	STY	运行模式	1000h	1000h	选择位置控制模式
PA05	FBP	每转指令输入脉冲数	10000	10000	根据设定的指令输入脉冲伺服电动机旋转 1r（即 10000 个脉冲）

续表

编号	简称	名称	初始值	设定值	说明
PA13	PLSS	指令脉冲输入形态	0100h	0001h	用于选择脉冲串输入信号，具体为：正逻辑，脉冲序列＋方向信号
PA21	AOP3	功能选择 A-3	0001h	1000h	1r 的指令输入脉冲数
PD03	DI1L	输入软元件选择 1L	0202h	__02	在位置模式将 CN1-15 引脚改为 SON
PD11	DI5L	输入软元件选择 5L	0703h	__03	在位置模式将 CN1-19 引脚改为 RES
PD17	DI8L	输入软元件选择 8L	0A0Ah	__0A	在位置模式将 CN1-43 引脚改为 LSP
PD19	DI9L	输入软元件选择 9L	0B0Bh	__0B	在位置模式将 CN1-44 引脚改为 LSN

步骤 3：触摸屏组态。

图 7-51 所示为触摸屏组态画面，共有如下软元件：

① 定位信号 M2 和定位方向 Y2（Y0002）指示灯显示；

② 回零按钮 M3、启动按钮 M0 和停止按钮 M1；

③ 移动距离（脉冲数）D0，为带符号 32 位整数，可以正负；

④ 当前位置 D10，为带符号 32 位整数，可以正负。

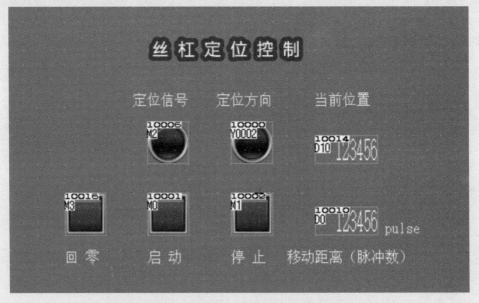

图 7-51　FX5U 控制丝杠运行触摸屏组态画面

步骤 4：三菱 PLC 梯形图程序设计。

FX5U 控制丝杠运行梯形图如图 7-52 所示。具体解释如下：

步 0：始终输出 SON 为 ON，保证 MR-JE 能随时接收脉冲信号；

步 4：初始化时，定义每一次移动的脉冲数为 2000（可以在触摸屏进行修改），并复位所有的中间继电器 M0 ～ M6；

步 15：触摸屏回零按钮动作时，置位 M4 回零状态；

步 19：采用 DSZR 对伺服电动机进行回零动作，调用轴 1 的数据，完成后置位 M5；

步 27：在回零动作完成时，M5 置位后复位 M4 回零状态；

步 31：触摸屏启动丝杠定位控制，按钮 M0 动作后置位 M2 定位状态；

步 35：采用 DDRVI 相对定位指令，以 2000Hz 输出触摸屏定义的脉冲位置，可正可负，完成后置位 M6；

步 48：在定位完成后或任何时候按下停止按钮，都可以复位 M2 定位状态；

步 54：显示目前的滑台实时位置信号；

步 61—65：将正向限位 SQ2 和 SQ3 输出到 LSP 和 LSN。

图 7-52　FX5U 控制丝杠运行梯形图

步骤 5：调试。

图 7-53 所示是实际调试的触摸屏画面。

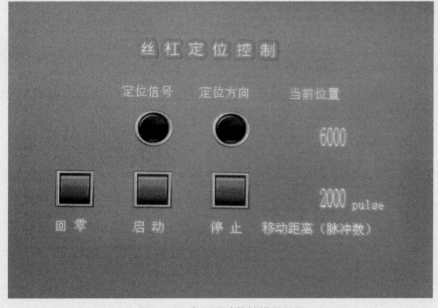

图 7-53　实际调试的触摸屏画面

案例要求

要求从触摸屏上进行速度 1 ~ 7 的选择后,通过 FX5U PLC 输出信号给 MR-J4 伺服驱动器,最终带动电动机实现多段速运行。

案例实施

共有 2 种方式进行控制,即采用 PLSV 控制和开关量控制。

(1)方式 1:PLSV 控制

步骤 1:电气接线与输入输出定义。

图 7-54 所示为 PLSV 控制的多段速示意,采用速度控制时,需要将 MR-J4 伺服驱动器的 SON、LSP、LSN 置为 ON,即图中与 DOCOM 相连,这样才能保证伺服驱动器连续运行。输入输出定义如表 7-17 所示。

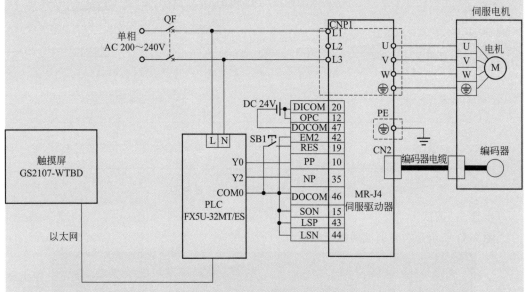

图 7-54 PLSV 控制的多段速示意

表 7-17 输入输出定义

触摸屏变量名称	作用	输出继电器	伺服 CN1 引脚	作用
M0	启动按钮	Y0	PP	脉冲
M1	停止按钮	Y2	NP	方向
M2	速度 +			
M3	速度 −			
M10	运行			
D0	多段速编号			
D10	32 位的速度值			

伺服驱动器的参数设置请参考【案例 7-5】,这里不再赘述。

步骤 2:梯形图编程。

采用 PLSV 控制时,可以将速度预先进行定义,具体梯形图编程如图 7-55 所示。具体解释如下：

步0：初始化或停机时，将多段速编号设置为D0=1，且复位PLSV指令错误信号M11；

步10：当多段速编号为1～7时，分别将速度值赋值给D10，该值跟定位控制的参数息息相关，具体根据实际情况进行调节；

步82—91：在触摸屏上进行"速度+"或"速度-"按钮操作，确保多段速编号在1～7之间变化；

步100—104：在触摸屏进行"启动"或"停止"按钮操作，输出M10；

步108：当M10为ON时，通过DPLSV指令输出相应的值。

需要注意的是，PLC模块的高速I/O口定位控制的参数请根据实际情况进行设置，这里不再赘述。

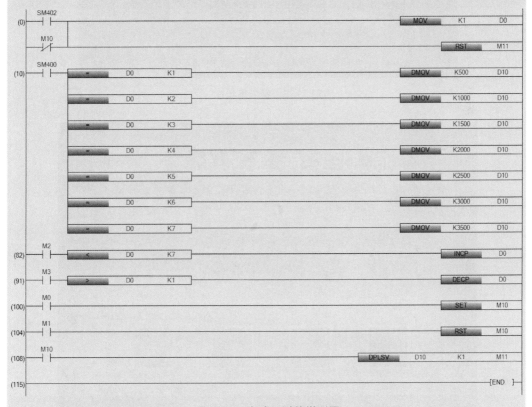

图7-55 方式1时的梯形图

步骤3：触摸屏组态。

图7-56所示为触摸屏组态，它包括M0启动按钮、M1停止按钮、M2速度+按钮、M3速度-按钮、M10运行信号、D0多段速编号。

步骤4：调试。

图7-57所示为调试时的触摸屏画面。

（2）方式2：开关量控制

采用开关量控制时，伺服驱动器与PLC之间是3个开关量，伺服驱动器工作在速度模式，而不是定位模式。如表7-18所示为输入输出定义，其中Y2～Y4表示多段速选择。

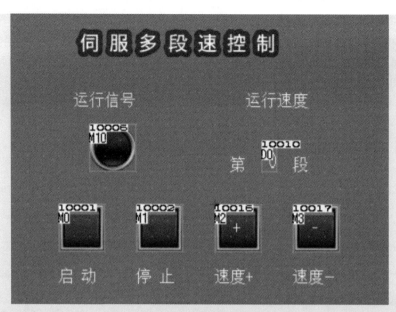

图 7-56 触摸屏组态

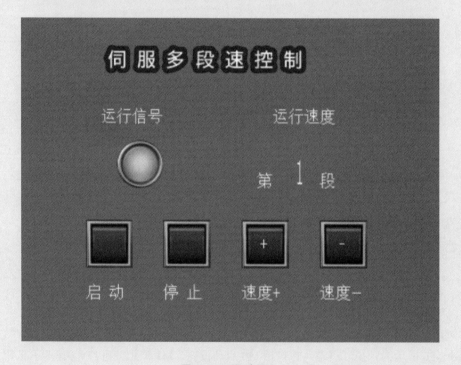

图 7-57 调试界面

表 7-18 输入输出定义

触摸屏变量名称	作用	输出继电器	伺服 CN1 引脚	作用
M0	启动按钮	Y0	ST1	正转
M1	停止按钮	Y1	ST2	反转
M2	速度 +	Y2	SP1	多段速选择

触摸屏变量名称	作用	输出继电器	伺服 CN1 引脚	作用
M3	速度 -	Y3	SP2	多段速选择
M10	运行	Y4	SP3	多段速选择
D0	多段速编号			

完成图 7-58 所示的电气线路图，其中 SON、LSP、LSN 是内部通过参数设置为自动 ON（即 PD01=0C04h）。PD01 具体含义如图 7-59 所示。

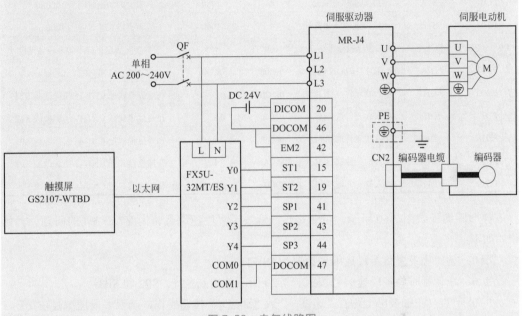

图 7-58　电气线路图

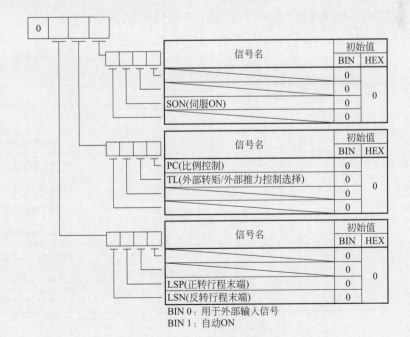

图 7-59　PD01 参数设置含义

伺服驱动器参数设置如表 7-19 所示，其中 [Pr.PD03] ~ [Pr.PD19] 参数的前 2 位是设定位。

表 7-19　伺服驱动器参数设置

编号	简称	名称	初始值	设定值	说明
PA01	*STY	运行模式	1000h	1002h	选择速度控制模式
PC01	STA	速度加速时间常数	0	1000	设置成加速时间为 1000ms
PC02	STB	速度减速时间常数	0	1000	设置成减速时间为 1000ms
PC05 ~ PC11	SC1 等	内部速度指令 1 ~ 7	100	***	根据实际情况进行设定多段速速度
PD01	*DIA1	输入信号自动 ON 选择 1	0000h	0C04h	SON/LSP/LSN 内部自动置 ON
PD03	*DI1L	输入软元件选择 1L	0202h	0 7 _ _	在速度模式把 CN1-15 引脚改成 ST1
PD11	*DI5L	输入软元件选择 5L	0703h	0 8 _ _	在速度模式把 CN1-19 引脚改成 ST2
PD13	*DI6L	输入软元件选择 6L	0806h	2 0 _ _	在速度模式把 CN1-41 引脚改成 SP1
PD17	*DI8L	输入软元件选择 8L	0A0Ah	2 1 _ _	在速度模式把 CN1-43 引脚改成 SP2
PD19	*DI9L	输入软元件选择 9L	0B0Bh	2 2 _ _	在速度模式把 CN1-44 引脚改成 SP3

梯形图编程如图 7-60 所示，主要是步 6 解决了多段速编号转为 Y2 ~ Y4 的问题。具体说明如下：

步 0：初始化设置将多段速编号设置为 D0=1；

步 6：在运行时将多段速编号按照表 7-20 所示输出到 SP1、SP2 和 SP3；

步 68—77：在触摸屏上进行 "速度 +" 或 "速度 -" 按钮操作，确保多段速编号在 1 ~ 7 之间变化；

步 86—90：在触摸屏进行 "启动" 或 "停止" 按钮操作，输出 M10；

步 94：输出正转 Y0。（如果需要反转请按照实际情况编程。）

表 7-20　多段速控制

输入信号			速度指令
SP3	SP2	SP1	
0	0	0	VC（模拟速度指令）
0	0	1	PC05（内部速度指令 1）
0	1	0	PC06（内部速度指令 2）
0	1	1	PC07（内部速度指令 3）
1	0	0	PC08（内部速度指令 4）
1	0	1	PC09（内部速度指令 5）
1	1	0	PC10（内部速度指令 6）
1	1	1	PC11（内部速度指令 7）

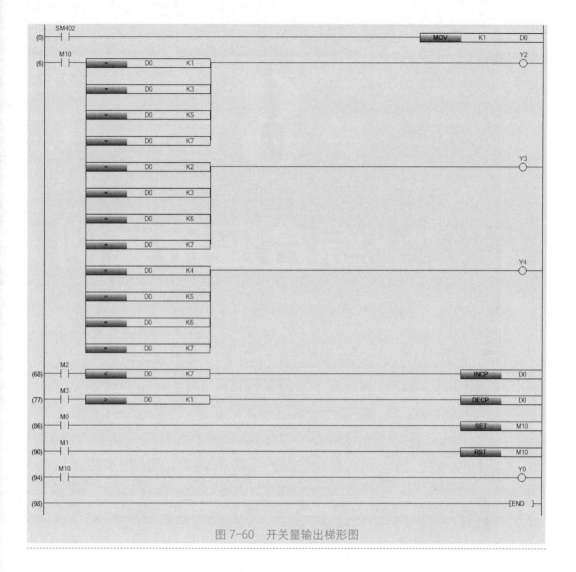

图 7-60　开关量输出梯形图

第**8**章

综合应用案例

PLC适合各种复杂机械、自动生产线的控制场合，本章主要介绍了FX5U PLC在工频/变频切换、温度PID自动调谐控制、基于RS485的6台变频器同步控制和基于总线的4轴伺服控制等4个综合应用案例。从这些案例可以看出，FX5U PLC不仅用于开关量和模拟量，可采集、存储数据，还可联网、通信对控制系统进行监控，实现大范围、跨地域的控制与管理。PLC最终将成为工业控制装置家族中一个重要的角色。

8.1 基于三菱PLC的工频/变频切换

8.1.1 背景介绍与案例要求

需要进行变频 / 工频切换的场合有以下几种：

① 故障切换：有些机械在运行过程中是不允许停机的，对于这些机械，当变频器发生故障跳闸时，应该立即自动切换成工频运行。

② 程序切换：有的机械根据工艺特点，要求交替进行满频率运行和低速运行。从节能的角度出发，满频运行时以切换为工频运行为宜。

③ 运行切换：以供水系统为例，终端用户为了节能投资，常常采用一台变频器控制多台变频电动机。

案例要求如下：一台电动机由三菱 700 系列变频器控制运行，当频率上升到 50Hz（工频）并保持长时间运行时，应由 FX5U 控制将电动机切换到工频电网供电，让变频器休息或另作他用；另一种情况是当变频器发生故障时，则需将其自动切换到工频运行，同时进行声光报警。

8.1.2 实施步骤

（1）电路图设计

I/O 口分配如表 8-1 所示。

表 8-1　三菱 FX5U PLC I/O 口分配

输入	功能	输出	功能
X0	工频运行方式 SA2	Y0	接通电源至变频器 KM1
X1	变频运行方式 SA2	Y1	电动机接至变频器 KM2
X2	工频启动、变频通电 SB1	Y2	电源直接接至电动机 KM3
X3	工频、变频断电 SB2	Y3	变频器运行 KA
X4	变频运行 SB3	Y4	声音报警 HA
X5	变频停止 SB4	Y5	灯光报警 HL
X6	过热保护 FR		
X7	变频器故障 AB		

如图 8-1 所示为基于三菱 PLC 控制工频 / 变频切换电路图。

（2）工作原理

1）工频运行段

① 将选择开关 SA2 旋至"工频运行"位，使输入继电器 X0 动作，为工频运行做好准备。

② 按下启动按钮 SB1，输入继电器 X2 动作，使输出继电器 Y2 动作并保持，从而接触器 KM3 动作，电动机在工频电压下启动并运行。

③ 按下停止按钮 SB2，输入继电器 X3 动作，使输出继电器 Y2 复位，从而接触器 KM3 失电，电动机停止运行。

注意：如果电动机过载，热继电器触点 FR 闭合，输出继电器 Y2、接触器 KM3 相继复位，电动机停止运行。

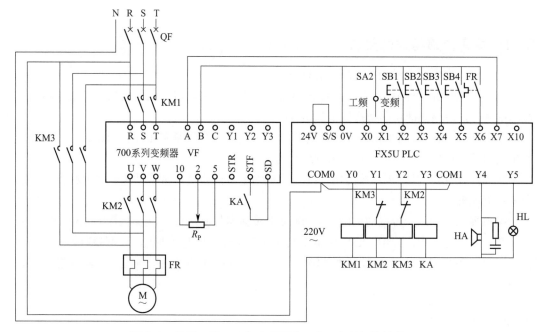

图 8-1　基于三菱 PLC 与变频器的工频 / 变频切换接线图

2）变频通电段

① 首先将选择开关 SA2 旋至"变频运行"位，使输入继电器 X1 动作，为变频运行做好准备。

② 按下 SB1，输入继电器 X2 动作，使输出继电器 Y1 动作并保持。一方面使接触器 KM2 动作，电动机接至变频器输出端；另一方面，又使输出继电器 Y0 动作，从而接触器 KM1 动作，使变频器接通电源。

③ 按下 SB2，输入继电器 X3 动作，在 Y3 未动作或已复位的前提下，使输出继电器 Y1 复位，接触器 KM2 复位，切断电动机与变频器之间的联系。同时，输出继电器 Y0 与接触器 KM1 也相继复位，切断变频器的电源。

3）变频运行段

① 按下 SB3，输入继电器 X4 动作，在 Y0 已经动作的前提下，输出继电器 Y3 动作并保持，继电器 KA 动作，变频器的 STF 接通，电动机升速并运行。同时，Y3 的常闭触点使停止按钮 SB2 暂时不起作用，防止在电动机运行状态下直接切断变频器的电源。

② 按下 SB4，输入继电器 X5 动作，输出继电器 Y3 复位，继电器 KA 失电，变频器的 STF 断开，电动机开始降速并停止。

4）变频器跳闸段

如果变频器因故障而跳闸，则输入继电器 X7 动作，一方面 Y1 和 Y3 复位，从而输出继电器 Y0、接触器 KM2 和 KM1、继电器 KA 也相继复位，变频器停止工作；另一方面，输出 Y4 和 Y5 动作并保持，蜂鸣器 HA 和指示灯 HL 工作，进行声光报警。同时，在 Y1 已经复位的情况下，时间继电器 T1 开始计时，其常开触点延时后闭合，使输出继电器 Y2 动作并保持，电动机进入工频运行状态。

5）故障处理段

报警后，操作人员应立即将 SA2 旋至"工频运行"位。这时，输入继电器 X0 动作，一方面使控制系统正式转入工频运行方式；另一方面，使 Y4 和 Y5 复位，停止声光报警。

（3）变频器参数输入

变频器参数可根据电动机的铭牌规定设定。按照控制要求输入保护参数和上限、下限频率等。

（4）梯形图

图 8-2 所示为梯形图，其控制逻辑按照如下进行：

工频启动（通电）→工频停止（断电）→变频启动→变频通电→变频运行→变频停止→变频故障报警→变频断电→变频、工频延时切换→故障复位。

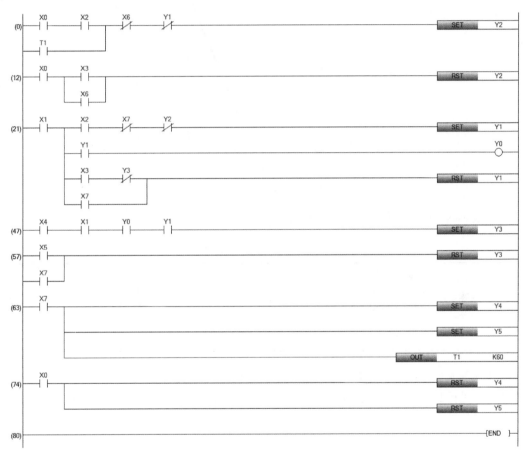

图 8-2　基于三菱 PLC 工频 / 变频切换梯形图

8.2　温度PID自动调谐控制

8.2.1　背景介绍与案例要求

自动调谐功能是为使 PID 控制最优化而自动设置重要常数比例增益、积分时间的功能。

自动调谐功能最常用的是阶跃响应法，即通过对控制系统施加 0 → 100% 的阶跃状输出，根据由输入变化求出的动作特性 [最大倾斜（R）、浪费时间（L）]，求出 PID 的 3 个常数的方法，具体如图 8-3 所示。当然，阶跃状的输出还可通过 0 → 75% 或 0 → 50% 求出。

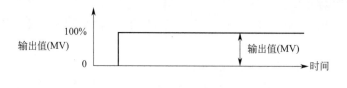

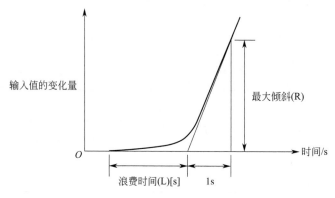

图 8-3　阶跃响应法工作原理

通过阶跃响应法设置的参数如表 8-2 所示。

表 8-2　参数及设置位置

参数	设置位置
动作设置（ACT）	（s3）+1：b0（动作方向）
比例增益（KP）	（s3）+3
积分时间（TI）	（s3）+4
微分时间（TD）	（s3）+6

案例要求如下：某温度槽采用电热器进行控制，要求设定温度为 500℃，并用 K 型热电偶测温后进行 PID 控制。为了确保系统可靠运行，要求进行 PID 参数的自动调谐，并对热电偶断线进行检测报警。

8.2.2　实施步骤

（1）电路图设计

图 8-4 所示为电气接线示意，在 FX5U-32MT/ES 上增加了适配器 FX5-4AD-TC-ADP，与温度槽的 K 型热电偶相连，注意正负极性。输入部分 X0 为自动调谐按钮，X1 为 PID 控制开关；输出部分 Y0 为热电偶断线报警，Y1 为电热器。

（2）PLC 模块配置与参数设定

如图 8-5 所示，在 GX Works3 的模块配置图中添加 FX5-4AD-TC-ADP 适配器，双击"确定"后可以进行如图 8-6 和图 8-7 所示的参数设置，具体包括温度单位设置为摄氏度、转换允许、时间平均（1500ms）、K 型热电偶、断线检测启用等。

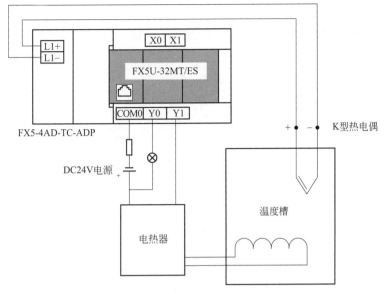

图 8-4 电气接线示意

图 8-5 添加 FX5-4AD-TC-ADP 适配器

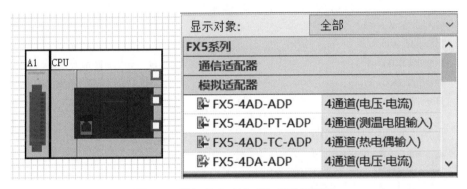

项目	CH1	CH2	CH3	CH4
温度单位选择功能	设置温度单位选择功能。			
温度单位设置	摄氏			
转换允许/禁止设置功能	设置转换允许/禁止功能。			
转换允许/禁止设置	允许	禁止	禁止	禁止
温度转换方式	设置温度转换方式。			
平均处理指定	时间平均	采样	采样	采样
时间平均·次数平均·移动平均	1500 ms	0 次	0 次	0 次
热电偶类型选择功能	设置热电偶类型。			
热电偶类型设置	K (−270～1370℃)	K (−270～1370℃)	K (−270～1370℃)	K (−270～1370℃)

图 8-6 FX5-4AD-TC-ADP 参数设置

项目	CH1	CH2	CH3	CH4
断线检测功能	进行与断线检测相关的设置。			
断线检测启用/禁用设置	启用	启用	启用	启用
断线检测时转换设置	下降比例尺	下降比例尺	下降比例尺	下降比例尺
断线检测时转换设定值	0.0 ℃	0.0 ℃	0.0 ℃	0.0 ℃
断线检测自动清除启用/禁用设置	禁用	禁用	禁用	禁用

图 8-7 断线检测启用

231

（3）PLC 梯形图编程

本案例采用自动调谐（阶跃响应法）+PID 控制，其中软元件及设置值如表 8-3 所示。

表 8-3　PLC 软元件及设置值

项目			软元件	设置值	
				自动调谐时	PID 控制时
目标值（SV）		（s1）	D500	500（50.0℃）	500（50.0℃）
测定值（PV）		（s2）	SD6300	根据输入值	根据输入值
参数	采样时间（TS）	（s3）	D510	1000（1000ms）	500（500ms）
	动作设置（ACT） 动作方向	（s3）+1 b0	D511.0	根据 AT 结果	根据 AT 结果
	输入变化量警报	（s3）+1 b1	D511.1	0（无警报）	0（无警报）
	输出变化量警报	（s3）+1 b2	D511.2	0（无警报）	0（无警报）
	自动调谐	（s3）+1 b4	D511.4	1（执行 AT）	0（不执行 AT）
	输出值上下限值	（s3）+1 b5	D511.5	1（有设置）	1（有设置）
	自动调谐模式选择	（s3）+1 b6	D511.6	0（阶跃响应法）	不使用
	过冲抑制设定	（s3）+1 b7	D511.7	不使用	1（使用）
	振动抑制设定	（s3）+1 b8	D511.8	1（有超时时间）	不使用
	输入滤波常数（α）	（s3）+2	D512	0（无输入滤波）	0（无输入滤波）
	比例增益（KP）	（s3）+3	D513	根据 AT 结果	根据 AT 结果
	积分时间（TI）	（s3）+4	D514	根据 AT 结果	根据 AT 结果
	微分增益（KD）	（s3）+5	D515	0（无微分增益）	0（无微分增益）
	微分时间（TD）	（s3）+6	D516	根据 AT 结果	根据 AT 结果
	输入变化量（增侧）警报设置值	（s3）+20	D530	不使用	不使用
	输入变化量（减侧）警报设置值	（s3）+21	D531	不使用	不使用
	输出变化量（增侧）警报设置值 输出上限设置值	（s3）+22	D532	不使用	2000（2s）
	输出变化量（减侧）警报设置值 输出下限设置值	（s3）+23	D533	不使用	0（0s）
	警报输出 输入变化量（增侧）溢出	（s3）+24 b0	D534.0	不使用	不使用
	输入变化量（减侧）溢出	（s3）+24 b1	D534.1	不使用	不使用
	输出变化量（增侧）溢出	（s3）+24 b2	D534.2	不使用	不使用
	输出变化量（减侧）溢出	（s3）+24 b3	D534.3	不使用	不使用
	检测出最大倾斜（R）后超时时间设定值	（s3）+25	D535	10（10s）	不使用
	在系统中使用	（s3）+26	D536	不使用	不使用
	在系统中使用	（s3）+27	D537	不使用	不使用
	从调谐周期结束到 PID 控制开始为止的等待设置参数（KW）	（s3）+28	D538	—	—
输出值（MV）		（d）	D502	1800（1.8s）	根据运算

图 8-8 所示为 PLC 梯形图，具体解释如下：

步 0：PID 指令初始设置（参考表 8-3 所示）；

步 20：当输入按钮为上升沿动作时，自动调谐初始设置，即将自动调谐模式设置为阶跃响应法、使用振动抑制设定、将检测出最大倾斜（R）后超时时间设定成 10s、将采样时间设置为 1000ms、将自动调谐时的输出设置为 1.8s，最后执行自动调谐；

步 42：将采样时间设置为 500ms；

步 48：设置 FX5-4AD-TC-ADP 的使用 CH 通道 1 为 SM6301，其中 0 为允许、1 为禁止；

步 52：PID 输出的初始化；

步 62：PID 指令驱动；

步 77—91：加热器输出控制，具体参考本书章节 5.3；

步 100：热电偶断线检测动作输出 Y0 报警。

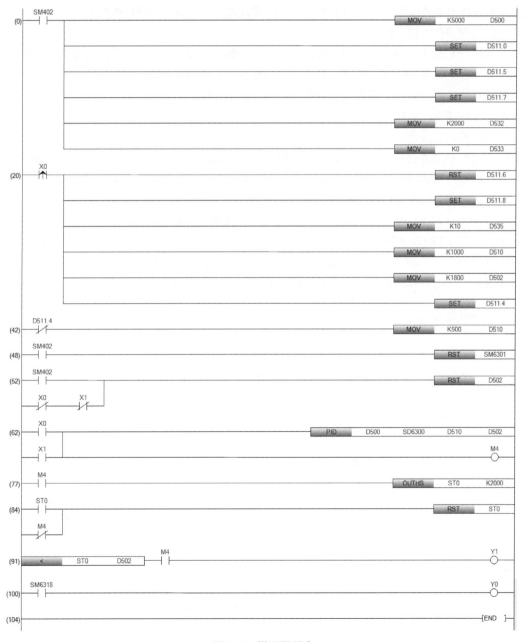

图 8-8　梯形图程序

8.3　基于RS485的6台变频器同步控制

8.3.1　背景介绍与案例要求

速度同步控制方式是多台变频器同时按照一定的速度比例运行的控制方式。速度同步控制方式一般有模拟量同步控制、脉冲信号同步控制和通信总线控制等方法。

（1）模拟量同步控制

由同步控制器输出多路模拟量信号控制多台变频器的速度，这种以模拟量信号控制变频器输出速度的方式即为模拟量同步控制方式，该方式需要配备一台同步控制器。

（2）脉冲信号同步控制

通过一台变频器脉冲信号来控制另一台变频器运行速度的方式为脉冲信号同步控制方式。第一台变频器接收到主令电位器的速度信号后进行运转并同时输出同步脉冲信号给下一台变频器，该台变频器接收到上一台变频器的同步脉冲信号后进行运转并同时输出脉冲信号给下一台变频器，依次类推，一直到最后一台变频器。

（3）通信总线控制

通过变频器通信接口与上位机通信来控制变频器速度同步的控制方式为通信总线同步控制方式。通过网络通信可以设定总线上多台变频器的高精度的频率，其具有通信速率高、稳定可靠、接线简单等优点，且在传输过程中不会造成损耗。

案例要求如下：某封边机共由 6 台三菱 700 系列变频器构成，分别控制龙门下的履带传动 M1、龙门下的台子传动 M2、封边机前一级台子传动 M3、封边机下游履带传动 M4、封边机下游传动 M5 和长台子传动 M6。M1 的加速时间为 5s，减速时间为 3s，其他所有传动的加减速时间均为 0s，均跟随 M1 同步速度进行加减速。

8.3.2　实施步骤

（1）电路图设计

图 8-9 所示是 FX5U PLC 作为主站来控制 6 台变频器速度同步控制的电气接线示意，其通信线路按照图 8-10 所示进行。

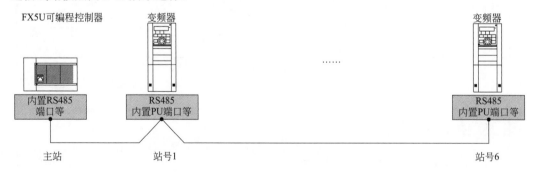

图 8-9　6 台变频器同步控制示意

如图 8-11 所示，在 FX5U 一侧用终端电阻切换开关设定为 110Ω。对于变频器侧来说，最远的一台变频器也应设定为 100Ω 切换开关，对于 PU 端口来说，则是在第 3 针 RDA 与第 6 针 RDB 之间连接 100Ω 终端电阻。

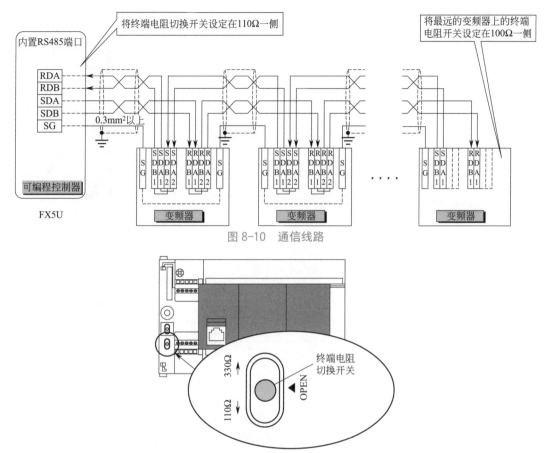

图 8-10 通信线路

图 8-11 终端电阻设定（FX5U 一侧）

（2）FX5U PLC 的 485 串口参数设置

本案例采用变频器通信专用协议，考虑到 6 台变频器的通信时长，可以略微增加波特率参数，具体如图 8-12 所示。

设置项目	
项目	设置
协议格式	设置协议格式。
协议格式	变频器通信
详细设置	设置详细设置。
数据长度	7bit
奇偶校验	偶数
停止位	1bit
波特率	38,400bps

图 8-12 485 串口参数设置

（3）PLC 的梯形图编程

将龙门下的履带传动 M1、龙门下的台子传动 M2、封边机前一级台子传动 M3、封边机下游履带传动 M4、封边机下游传动 M5 和长台子传动 M6 作为 FX5U 控制的从站 1 ～ 6。图 8-13 所示的梯形图程序共有初始化所有从站的复位标志并进行变频器复位、所有从站加减速写入、所有从站的控制命令三个部分。具体解释如下：

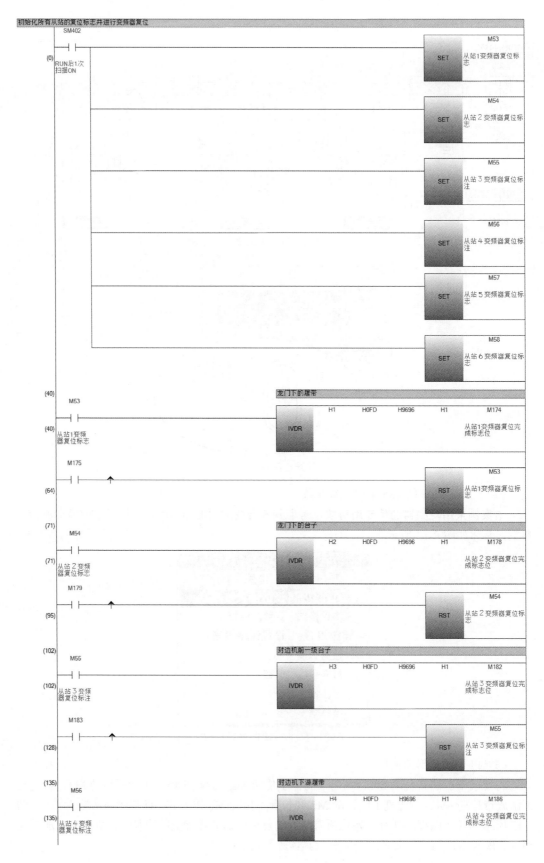

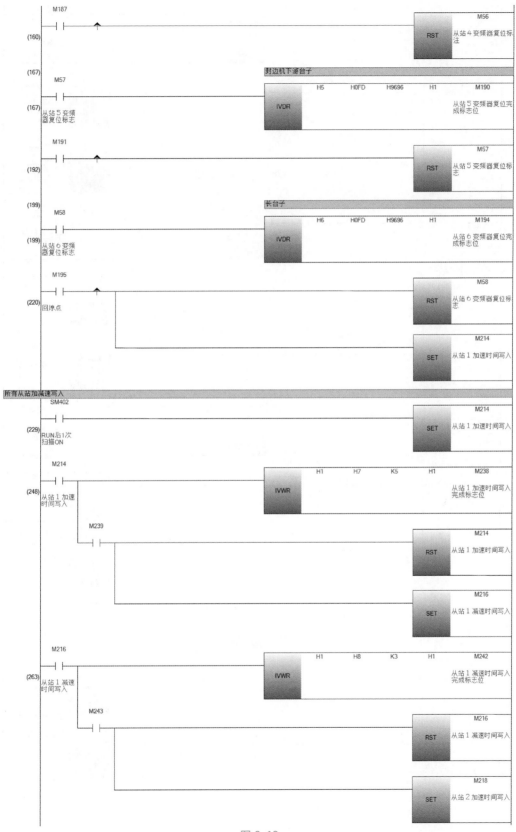

图 8-13

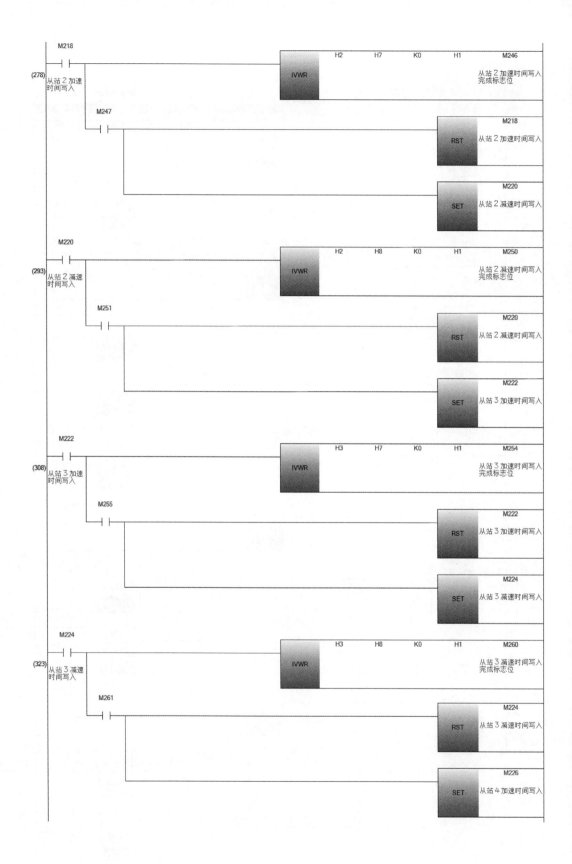

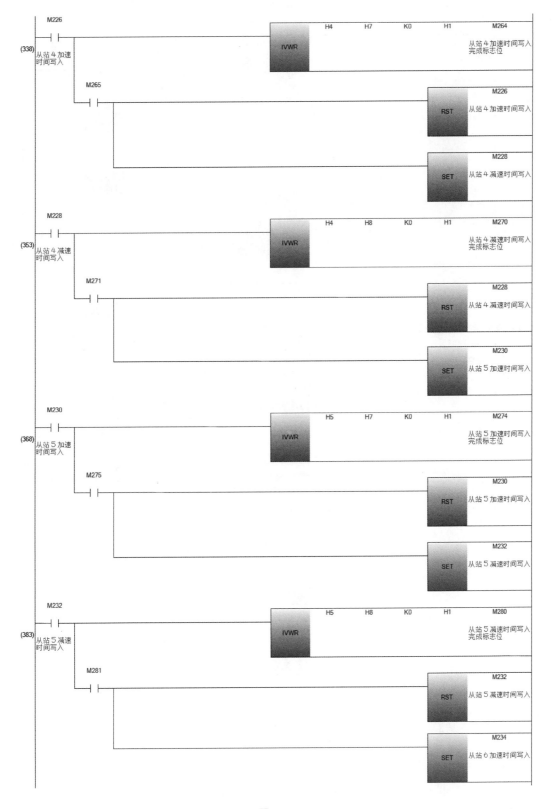

图 8-13

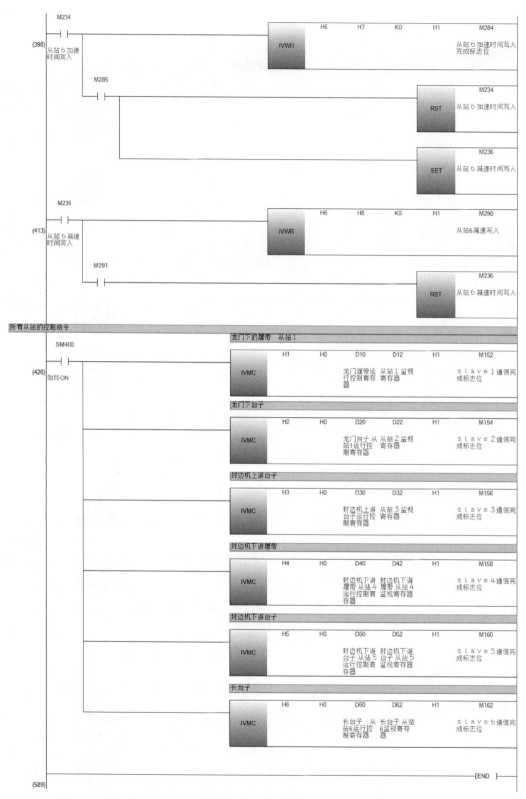

图 8-13　PLC 梯形图

步 0：上电初始化激活从站 1 ～ 6 的变频器复位标志 M53 ～ M58；

步 40—64：采用 IVDR 指令对从站 1 进行复位，格式为 [IVDR H1 H0FD H9696 H1 M174]，第一个 H1 为从站号，H0FD 为变频器复位指令代码，H9696 为复位操作数，第二个 H1 为通信通道（即内置 RS485 端口），M174 为输出指令执行状态的起始位软元件编号，因此 M175 为 0 的情况下说明复位正常，将 M53 标志位清除；

步 71—220：同上，对从站 2 ～ 6 进行复位；

步 229—263：采用 [IVWR H1 H7 K5 H1 M238] 和 [IVWR H1 H8 K3 H1 M242] 对从站 1 的加速时间 P7 和减速时间 P8 进行写入 5s 和 3s，采用逐个写入的方式进行；

步 278—413：同上，对从站 2 ～ 6 进行加速时间 0s 和减速时间 0s 的写入；

步 426：采用 IVMC 指令对所有从站的频率进行写入和读出，以从站 1 为例 [IVMC H1 H0 D10 D12 H1 M152]，其中 H1 为从站号，H0 为数据格式 [即 D10 为运行指令、D11 为设定频率（RAM）、D12 为变频器状态监控、D13 为输出频率]，M152 为输出指令执行状态的起始位软元件编号。

8.4 基于总线的4轴伺服控制

8.4.1 背景介绍与案例要求

CC-Link IE 现场网络 Basic 是不使用专用 ASIC 而只需安装软件来实现循环通信的标准 Ethernet 基础的协议，它可以与 TCP/IP 通信并存，以构筑高自由度的系统。从控制器侧可以监视每组最多 16 轴、共 64 轴的伺服放大器。在轨迹位置模式下，可以经由控制器提供位置数据（目标位置）以进行定位运行。

案例要求如下：如图 8-14 所示，某控制器主站为 FX5U-80MT/DS，通过 CC-Link IE Filed Basic 总线构建 4 轴伺服控制系统，其伺服控制器均为 MR-JE-C 型，实现正反转点动、轨迹控制和回零动作，动作按钮信号来自触摸屏。

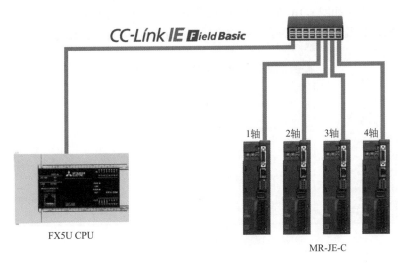

图 8-14　4 轴伺服控制系统

8.4.2 实施步骤

（1）MR-JE-C 电气接线及参数设置

如图 8-15 所示进行电气接线，其中 LSP 和 LSN 极限配置为 NC 接法、原点 DOG 为 NO 接法，与 FX5U 之间用网线连接到 CN1 口（经过交换机或路由器）。

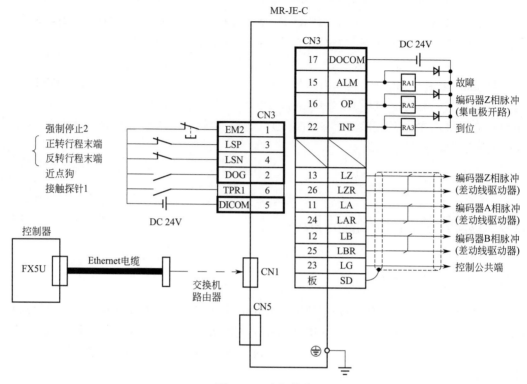

图 8-15　电气接线

采用 MR Configurator2 进行参数设置，包括如下部分。

1）IP 地址设置

根据组网要求，如图 8-16 所示设置相应的 IP 地址，比如 192.168.3.2。

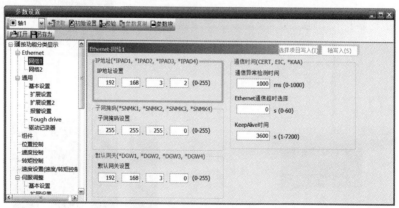

图 8-16　伺服驱动器的 IP 地址设置

2）基本设置

控制模式选择为配置文件模式，旋转方向选择为正转脉冲输入时 CCW 方向，编码器输出脉冲的相位为 A 相正转超前 90°，等等，如图 8-17 所示。

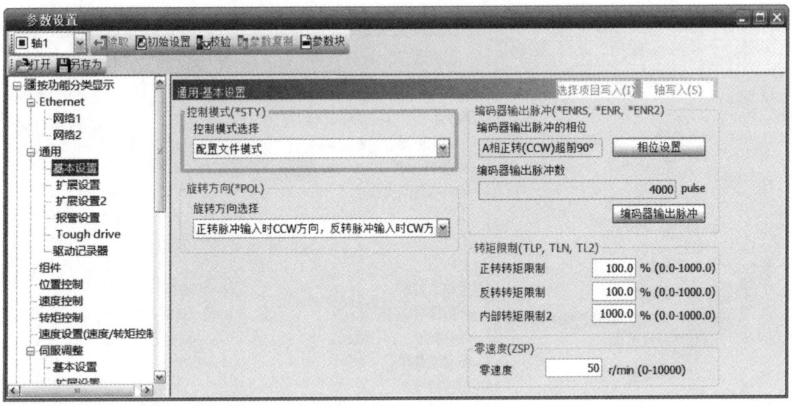

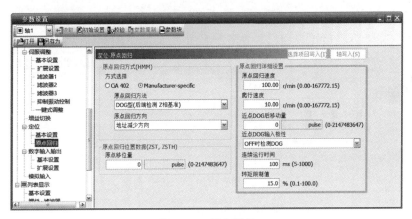

图 8-17　基本设置

3）原点回归

原点回归方式选择为 Manufacturer-specific，原点回归方法为 DOG 型（后端检测 Z 相基准），原点回归方向为地址减少方向，等等，具体如图 8-18 所示。

图 8-18　原点回归

（2）修改 FX5U 软元件配置

选择"参数"→"FX5UCPU"→"CPU 参数"，如图 8-19 所示设置链接继电器 B 为 10240，用于主站控制器 FX5U 与伺服驱动器的通信链接参数。

（3）FX5U 主站以太网端口参数设置

选择"参数"→"FX5UCPU"→"模块参数"→"以太网端口"，首先需要修改 FX5U 主站 IP 地址为 192.168.3.5，子网掩码为 255.255.255.0。

接下来组态添加 MR-JE-C 伺服，如图 8-20 所示，设置好相应的 IP 地址和站号。

如果找不到图示菜单下的伺服，按照以下步骤进行：

① 先保存之前的文件；

② 关闭工程；

③ 如图 8-21 所示，浏览"工具"→"配置文件管理"→"登录"；

④ 浏览找到后缀为 CSPP 的配置文件（如 MR-JE-C_1_zh-Hans.CSPP）；

⑤ 选中要添加的文件即可登录直到完成。

图 8-19　设置链接继电器

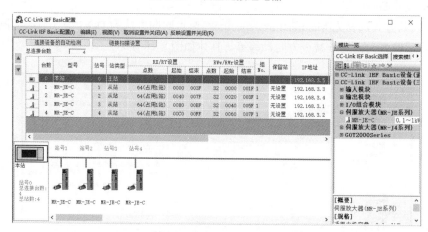

图 8-20　组态添加 MR-JE-C 伺服

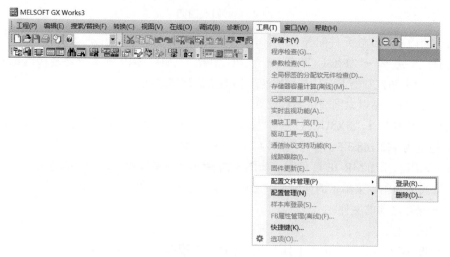

图 8-21　登录菜单

最后完成链接扫描设置，如图 8-22 所示。该链接软元件所对应的 RWwn/RWrn 映射含义如表 8-4 所示。

链接侧					CPU 侧				
软元件名	点数	起始	结束		刷新目标	软元件名	点数	起始	结束
RX	256	00000	000FF	↔	指定软元1 ∨	B ∨	256	00000	000FF
RY	256	00000	000FF	↔	指定软元1 ∨	B ∨	256	00100	001FF
RWr	128	00000	0007F	↔	指定软元1 ∨	W ∨	128	00000	0007F
RWw	128	00000	0007F	↔	指定软元1 ∨	W ∨	128	00100	0017F

> 4个轴占用64位，即256点，换成十六进制即FF

> 4个轴占用32字，即128字，换成十六进制即7F

图 8-22　链接扫描设置

表 8-4　RWwn/RWrn 映射含义

主站→伺服放大器（RWwn）				伺服放大器→主站（RWrn）			
软元件编号	Index	软元件名称		软元件编号	Index	软元件名称	
RWwn00	6060	控制模式	Modes of operation	RWrn00	6061	控制模式显示	Modes of operation display
RWwn01	6040	控制指令	Controlword	RWrn01	—	—	—
RWwn02	2D01	控制输入 1	Control DI 1	RWrn02	6041	控制状态	Statusword
RWwn03	2D02	控制输入 2	Control DI 2	RWrn03	6064	当前位置（指令单位）	Position actual value
RWwn04	2D03	控制输入 3	Control DI 3	RWrn04			
RWwn05	607A	位置指令（pp）	Target position	RWrn05	606C	当前速度	Velocity actual value
RWwn06				RWrn06			
RWwn07	60FF	速度指令（pv）	Target velocity	RWrn07	60F4	滞留脉冲	Following error actual value
RWwn08				RWrn08			
RWwn09	2D20	速度限制值（tq）	Velocity limit value	RWrn09	6077	当前转矩	Torque actual value
RWwn0A				RWrn0A	2D11	控制输出 1	Status DO 1
RWwn0B	6071	转矩指令（tq）	Target torque	RWrn0B	2D12	控制输出 2	Status DO 2
RWwn1C	6081	指令速度（pp）	Profile velocity	RWrn0C	2D13	控制输出 3	Status DO 3
RWwn0D				RWrn0D	2A42	报警编号	Current alarm 2
RWwn0E	6083	加速时间常数（pp、pv）	Profile acceleration	RWrn0E	60B9	接触探针功能的状态	Touch probe status
RWwn0F				RWrn0F	60BA	接触探针 1 在上升沿锁存的位置	Touch probe posl pos value
RWwn10	6084	减速时间常数（pp、pv）	Profile deceleration	RWrn10			
RWwn11				RWrn11	60BB	接触探针 1 在下降沿锁存的位置	Touch probe posl neg value
RWwn12	6087	转矩指令变化量（每 1s）（tq）	Torque slope	RWrn12			
RWwn13				RWrn13	2C12	输入软元件状态 1	External Input signal display1
RWwn14	60E0	转矩限制值（正）	Positive torque limit value	RWrn14			
RWwn15	60E1	转矩限制值（反）	Negative torque limit value	RWrn15	—	—	—
RWwn16	—	—	—	RWrn16	—	—	—
RWwn17	60B8	接触探针功能的设定	Touch probe function	RWrn17	—	—	—

续表

主站→伺服放大器（RWwn）			伺服放大器→主站（RWrn）		
软元件编号	Index	软元件名称	软元件编号	Index	软元件名称
RWwn18	60F2	定位动作设定	Positioning option code	RWrn18	—	—	—
RWwn19	2D05	控制输入 5	Control DI 5	RWrn19	—	—	—
RWwn1A	—	—	—	RWrn1A	—	—	—
RWwn1B	—	—	—	RWrn1B	—	—	—
RWwn1C	—	—	—	RWrn1C	—	—	—
RWwn1D	—	—	—	RWrn1D	—	—	—
RWwn1E	—	—	—	RWrn1E	—	—	—
RWwn1F	—	—	—	RWrn1F	—	—	—

注："n"的值由站编号设定决定。

设置完成上面的步骤，点击"反映设置并关闭"。

（4）PLC 编程

这里以点动 JOG 为例进行说明，图 8-23 所示为其流程图。

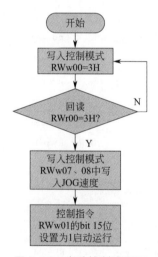

图 8-23　点动控制流程图

省去了通信初始化和其他部分后，点动控制的梯形图程序如图 8-24 所示，具体解释如下：

步 226：在 1 轴通信准备完成的情况下，对触摸屏信号 M7000（正向点动按钮）和 M7001（反向点动按钮）进行命令输出，即 M7010 和 M7011，并写入速度控制模式 W100=3，其中 W100 为 1 轴伺服的起始字（共 32 字）；

步 260：在手动模式下（即 M30=ON），当收到速度控制模式写入成功信号（M7086=ON，参考图 8-25 的程序）后，执行 M7010（正向点动命令），其速度指令 W107=D7070、控制指令 W101=H800F，当触摸屏正向点动按钮释放时，则输出控制命令 W101=H0F；

步 289：在手动模式下，且收到速度控制模式写入成功信号后，执行 M7011（反向点动命令），其速度 W107=-D7070、控制命令 W101=H800F，当触摸屏反向点动按钮释放时，则输出控制命令 W101=H0F。

```
         M7006   M7008   M7000   M7027   M7011                                                    M7010
          ┤/├     ┤/├     ┤├      ┤├      ┤/├─────────────────────────────────────────────────────( )
(226)    1轴停止  1轴通信  1轴伺服  1轴伺服  1轴伺服                                                  1轴伺服
)                准备完成  JOG+_HM  前进使能  JOG-                                                  JOG+
                 标志     I
                          M7001   M7028   M7010                                                    M7011
                           ┤├      ┤├      ┤/├──────────────────────────────────────────────────( )
                          1轴伺服  1轴伺服  1轴伺服                                                  1轴伺服
                          JOG-_HMI 返回使能  JOG+                                                   JOG-

                          M7010                                                   ┌─────────────┐
                           ┤├──────┬──────────────────────────────────────────── │      K3  W100 │
                          1轴伺服   │                                              │ MOV  控制模式  │
                          JOG+     │                                              │      _1#SV    │
                                   │                                              │      (1:pp 3:pv│
                          M7011    │                                              │      6:hm)    │
                           ┤├──────┘                                              └─────────────┘
                          1轴伺服
                          JOG-

         SM400   M30     M7086   M7010                                            ┌─────────────┐
          ┤├──┬──┤├──────┤├──────┤├─────┬──────────────────────────────────────  │      D7070 W107│
(260)    Always│  手动模式 1轴伺服 1轴伺服 │                                         │ DMOV 1轴伺服 速度指令│
)        _on   │          速度模式 JOG+   │                                         │      JOG速度 (0.01 r/min│
               │          标志           │                                         │            )  │
               │                        │                                         └─────────────┘
               │                        │                                         ┌─────────────┐
               │                        └──────────────────────────────────────  │      H800F W101│
               │                                                                  │ MOV  控制指令  │
               │                                                                  └─────────────┘
               │  M7010                                                           ┌─────────────┐
               └──┤/├─────────────────────────────────────────────────────────── │      H0F  W101│
                  1轴伺服                                                          │ MOV  控制指令  │
                  JOG+                                                             └─────────────┘

         SM400   M30     M7086   M7011                              ┌─────────────┐
          ┤├──┬──┤├──────┤├──────┤├─────┬────────────────────────  │   K0  D7070 D7092│
(289)    Always│  手动模式 1轴伺服 1轴伺服 │                            │D- 1轴伺服 1轴伺服│
)        _on   │          速度模式 JOG-   │                            │   JOG速度 JOG-速度│
               │          标志           │                            └─────────────┘
               │                        │                            ┌─────────────┐
               │                        ├──────────────────────────  │      D7092 W107│
               │                        │                            │ DMOV 1轴伺服 速度指令│
               │                        │                            │      JOG-速度 (0.01 r/min│
               │                        │                            │            )  │
               │                        │                            └─────────────┘
               │                        │                            ┌─────────────┐
               │                        └──────────────────────────  │      H800F W101│
               │                                                     │ MOV  控制指令  │
               │                                                     └─────────────┘
               │  M7011                                              ┌─────────────┐
               └──┤/├────────────────────────────────────────────── │      H0F  W101│
                  1轴伺服                                             │ MOV  控制指令  │
                  JOG-                                               └─────────────┘
```

图 8-24 1 轴点动控制

```
         SM400    ┌─────────────┐                                                                 M7086
          ┤├──────│      W0   K3 │─────────────────────────────────────────────────────────────( )
         Always_o │ =  控制模式显 │
         n        │    示（1#SV）│
                  └─────────────┘
```

图 8-25 1 轴速度模式的确认

247